電気パンの歴史・教育・科学

陸軍炊事自動車を起源とし
現代のパン粉製造に続く日本の電極式調理

内田　隆／青木　孝【著】

大学教育出版

はじめに

日本では終戦後に食糧が不足し、アメリカなどから援助された小麦粉やトウモロコシ粉などが配給されていましたが、鍋やフライパンなどの調理器具や、薪などの燃料も足りていませんでした。このような状況下で、小麦粉を水で溶いたものに電極板を挿して直接電気を流し、発生するジュール熱でパンをつくる調理法が普及しました。この電気パンをつくるための電極式のパン焼き器は販売されるだけでなく、多くの家庭で廃材などから自作されていたことが知られています。この電極式調理による電気パンは、実際につくって食べた人の心に深く刻まれており、戦後77年以上が経過した現在も、新聞の投書欄や書籍や博物館等の催し物などでその経験が語られています。

電気パンは、戦後の食糧・物資不足の中で人びとがたくましく暮らしていた象徴的な出来事の1つとして語られることが多いですが、現在、コロッケやエビフライなどに使用されているパン粉用のパンもこの電気パンと同じ電極式でつくられており、現代の食品業界においても欠かせない製造技術です。また、電気パンは学校教育の場で科学の原理・法則を学ぶために現在まで長年活用されている有用な実験教材としての側面もあり、戦後の数年間だけ行われた過去の技術ではなく、現代でも欠かせない技術なのです。

さらに、この通電加熱による電極式の調理は、戦前に陸軍で炊事自動車搭載の電極式炊飯器として電気パンよりも前に実用化され、終戦後には家庭用の電極式炊飯器として市販されていた、軍事技術の民間転用の側面もあります。

電極式調理による電気パンは、戦争体験者には終戦時の苦い思い出、パン粉業者には消費電力の少ない画期的な製造技術、教育関係者には汎用性の高い理科実験教材、戦時中の陸軍関係者には極秘で開発された最先端の科学技術のように、日本の歴史の中で姿を変えながら何度も登場します。しかし、電気パンの活用場所や目的が多様なため、関わった人によって見方や印象が大きく異なり、これまで、個別の経験談や情報が断片的に存在するだけで詳細な調査・報告がされておらず、関係者内での共有もほとんどすすんでいません。

そこで、この電極式調理について、電気パンを核にそれぞれの関係性について「歴史」「教育」「科学」の3つの視点から焦点をあてて調査研究を行い、得られた知見を総説としてまとめました。

歴史編では、日本の電極式調理の歴史について次の3点から調査を行います。1点目は、通電加熱による電極式調理の歴史を草創期からたどり、戦前に実用化された電極式炊飯器搭載の陸軍炊事自動車や、戦後に一般家庭に普及した電極式炊飯器の歴史的な経緯を調査し電気パンの起源を探ります。2点目は、終戦直後から現代までの電気パンに関する記録を収集・整理して電気パンの実状をまとめ、さらに、その普及の様子を電極式炊飯器と比較して考察します。3点目は、終戦後に広く普及したものの数年で姿を消した電気パンが、パン粉用のパンの製造に受け継がれて現在にいたるまでの経緯を調査し、通電加熱による電極式調理の現状をあきらかにします。

教育編では、電気パンの教育活用の歴史と実状を調査します。電気パンは終戦後の食糧・物資不足時の調理法として普及しますが、各家庭から姿を消したあとも、教育の場では現在まで有効な理科実験教材として活用されています。そこで、電気パンに関連する教育関係の資料を収集・整理し、いつ・誰が・どのような経緯で電気パンを教材として取り上げたのか、また、教材活用にあたって教師・研究者がどのような工夫・改善を行ってきたのかなど、電気パンの教育活用の歴史的な経緯をあきらかにします。さらに、収集した資料から電気パンがどのような校種・機会・目的で取り上げられていたのかを分析して、教育現場で現在まで広く長く取り組まれてきた理由を考察します。

科学編では、終戦後の電極式炊飯器「タカラオハチ」「厚生式電気炊飯器」のレプリカを製作し再現実験による性能評価を行います。また、電極式調理によるパン焼き・炊飯を通して、熱効率、電流と温度の時間変化と素材中のデンプン糊化や水の蒸発による電解質の析出の関係、電極板の素材や形状や設置位置等について比較実験を行い、それぞれの電流特性等について、科学的な視点から調査します。さらに、その特性をふまえ、今までにない電極式調理である電極式スポンジケーキを試みます。

内田　隆・青木　孝

電気パンの歴史と教育と科学

―― 陸軍炊事自動車を起源とし現代のパン粉製造に続く日本の電極式調理 ――

目　次

第Ⅱ部　教育編

第Ⅲ部　科学編

第Ⅰ部　歴史編

第1章

電極式調理の草創期

本書では、水および電解質を含む食品に電極を直接挿入して電流を流し、通電によって生じるジュール熱で食品を加熱調理する方法を電極式調理とする。この通電によって生じるジュール熱を、食品に活用した古いものには、お酒の加熱つまりお燗があり、「電気応用清酒加熱器（実用新案 12933 号）」[1]（図 1-1）が 1927（昭和 2）年に稲原安之助によって出願されている。

電気応用清酒加熱器は、銀・亜鉛・ニッケルからなる電極を対向に配置し、電極と電線をガラスもしくはセルロイド等の絶縁物で覆ったうえで電極の一部を露出させた構造をしている。これを清酒中に挿入し、露出した電極から通電

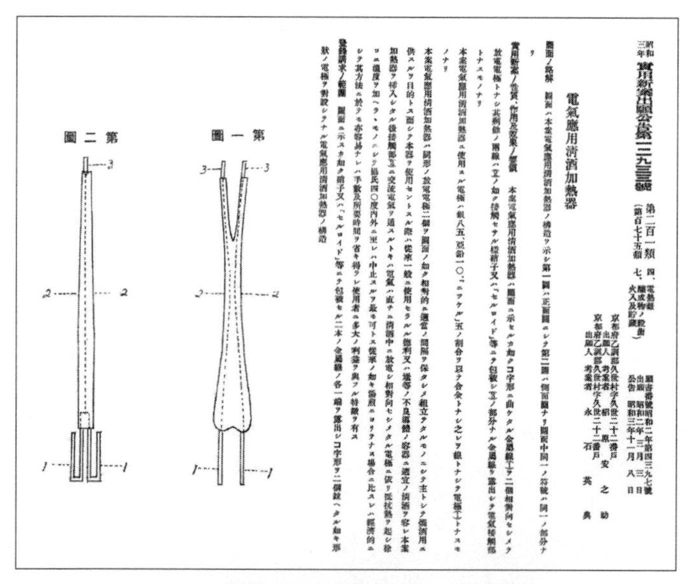
昭和三年 實用新案出願公告第一二九三三號　第二百一類　四、電熱器（第百七十五類　七、醸成物ノ殺菌火入及貯藏）

願書番號昭和二年第四三九七號
出願　昭和二年三月三日
公告　昭和三年十一月八日

京都府乙訓郡久世村字久世二十二番戸　出願人　考案者　稲原安之助
京都府乙訓郡久世村字久世二十二番戸　出願人　考案者　永石英典

電氣應用清酒加熱器

圖面ノ略解　圖面ハ本案電氣應用清酒加熱器ノ構造ヲ示シ第一圖ハ正面圖ニシテ第二圖ハ側面圖ナリ圖面中同一ノ符號ハ同一ノ部分ナリ

實用新案ノ性質、作用及效果ノ要領　本案電氣應用清酒加熱器ハ圖面ニ示セルカ如クコ字形ニ曲ケタル金屬線(1)ヲ二個相對向セシメタ放電電極トナシ其剰餘ノ兩線ハ(2)ノ如ク接觸セサル様硝子又ハ「セルロイド」等ニテ包被シ(3)ノ部分ナル金屬線ヲ露出シテ電氣接觸部トナスモノナリ

本案電氣應用清酒加熱器ニ使用スル電極ハ銀八五、亞鉛一〇、「ニッケル」五ノ割合ヲ以テ合金トナシ之レヲ線トナシテ電極(1)トナスモノナリ

本案電氣應用清酒加熱器ハ圖形ノ放電電極二個ヲ圖面ノ如ク相對的ニ適當ノ間隔ヲ保タシメ組立テタルモノニシテ主トシテ燗酒用ニ供スルヲ目的トス而シテ本器ヲ使用セントスル際ハ從來一般ニ使用セラルル徳利又ハ壜等ノ不良導體ノ容器ニ適宜ノ清酒ヲ容レ本案加熱器ヲ挿入シタル後接觸部(3)ニ交流電氣ヲ通スルトキハ電氣ハ直チニ清酒中ニ放電シ相對向セシメタル電極ニ依リ抵抗熱ヲ起シ徐ロニ温度ヲ加ヘラ・モノニシテ攝氏四〇度内外ニ至レハ中止スルヲ最モ可トス從來ノ如キ湯煎ニヨリテナス場合ニ比スレハ經濟的ニシテ其方法ニ於テモ亦容易ナレハ手數及所要時間ヲ省キ得ラレ使用者ニ多大ノ利益ヲ與フル特徴ヲ有ス

登録請求ノ範圍　圖面ニ示スカ如ク硝子又ハ「セルロイド」等ニテ包被セル二本ノ金屬線ノ各一端ヲ露出シコ字形ヲ二個設ヘタル如キ形狀ノ電極ヲ對設シタナル電氣應用清酒加熱器ノ構造

図 1-1「電気応用清酒加熱器」実用新案

して清酒を加熱するものである。実用新案出願公告には、従来の湯煎に比べて容易で所要時間を省くことができると書かれてあり、実際に商品化されたのかは定かではないが、管見の限り、通電加熱の食品への応用例として最も古い記録である。

その後、陶磁器などの絶縁性の鍋の底および蓋にそれぞれ電極を設置し、野菜や肉と醤油などを入れ通電して加熱する「電気煮炊器（実用新案5999号）」（図1-2）が1932（昭和7）年に高橋燐によって出願されている。「電気煮炊器」は、食品が保有する滋養美味成分を漏出することなく迅速に調理できるうえに、簡単な構造で煮炊能率が高いことから、魚肉のデンプ缶詰等の製造や兵営病院や寄宿舎等の大量炊事を、簡単かつ経済的にできるとしている。これも電気応用清酒加熱器と同様に実用化されたのか定かではないが、通電加熱による調理の先駆けといってよいだろう。

また、間接的な電極式調理は、それ以前の1928（昭和3）年に荒木吉次郎によって「自働電気鍋（特許81658号）」（図1-3）が出願されている。この「自働電気鍋」は、内釜と外釜が二重構造になっており、外釜（下層）に水と電極を入れて通電加熱によって蒸気を発生させ、その蒸気で内釜（上層）の中の食

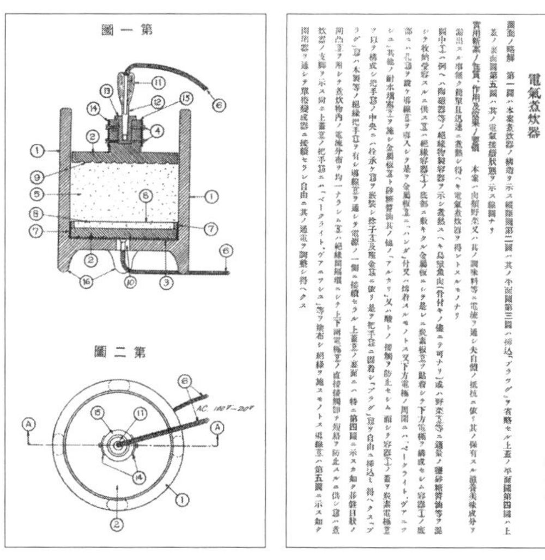

昭和七年　實用新案出願公告第五九九九號　第二百一類　二、電熱器

電氣煮炊器

図1-2「電気煮炊器」実用新案

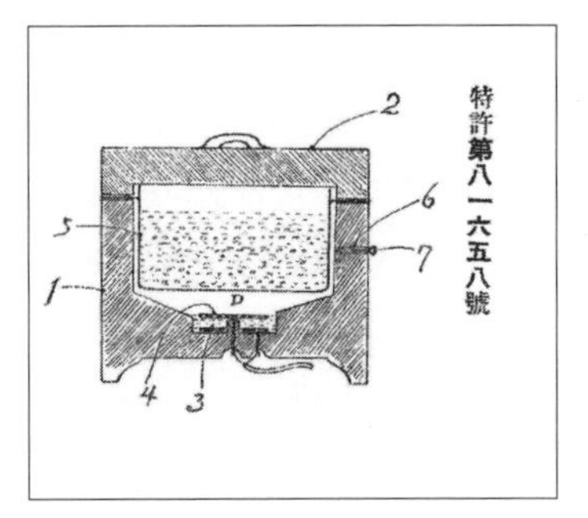

特許第八一六五八號

自働電氣鍋

明細書

図 1-3「自動電気鍋」実用新案

図 1-4　万能レンジ

材を加熱調理するものである。原理は蒸籠蒸しと同じで通電によるジュール熱で蒸気を発生させているものである。

荒木吉次郎は第七高等学校造士館（現在の鹿児島大学）物理学教授で、この「自働電気鍋」の原理を応用して「万能レンジ」（図 1-4）[2]「ハミルトン式立体自動炊事器」[3] を商品化している。「ハミルトン式立体自動炊事器」は、水を入れた円筒形の容器中に三段に重ねた内鍋を入れ、円筒形容器中を蒸気で満たし、内鍋中の食品を同時に調理する巨大蒸し器だといってよいだろう。

荒木は、省エネルギーへの関心も高く、第七高等学校造士館退官後は太陽熱利用研究所の所長になり、太陽熱利用屋根瓦を提唱し、その熱で湯を沸かすことの有用性について 1936（昭和 11）年の燃料協会での講話で語っている [4]。また、戦時中には家庭用燃料の節約対策として、肌着の下に新聞紙を数枚重ねて縫い付けて保温効果を高めることや、調理後のまだ暖かい土鍋を就寝前の布団の中に入れて布団を温めておくことなどを推奨している[5)]。

注および参考文献

1）実用新案出願公告では、電気は「電氣」、応用は「應用」など、旧字体が用いられているが、本稿では旧字体ではなく常用漢字を用いて表記する。

2）函館中央図書館所蔵。函館中央図書館デジタル資料館で「万能レンジ」ポスターを閲覧できる。

3）橋爪紳也『モダニズムのニッポン』角川選書、2006、pp.33-34.

4）荒木吉次郎「太陽熱利用の話」『燃料協会誌』燃料協会、15 巻 8 号、1936、pp.982-987.

5）荒木吉次郎「家庭燃料問題対策」『栄養と料理』女子栄養大学出版部、9 巻 12 号、1943、pp.32-34.

第2章

阿久津正蔵による電極式炊飯器搭載の陸軍炊事自動車の開発

通電加熱による電極式の炊飯は、現在は実用も理科実験も行われていないが、戦時中から終戦後の数年間の短期間だけ行われていた時期がある。その方式は、容器中の電極の設置場所によって大きく2種類に分けることができる。1つは金属極板を容器の側面に、底面と垂直に立てて向かい合わせで設置する電極対向立置型で、電気パンや陸軍炊事自動車の電極式炊飯器がこの方式である。もう1つは、両電極を容器の底に設置する電極底面設置型で、後述する厚生式電気炊飯器やタカラオハチがこの方式である[1)]。

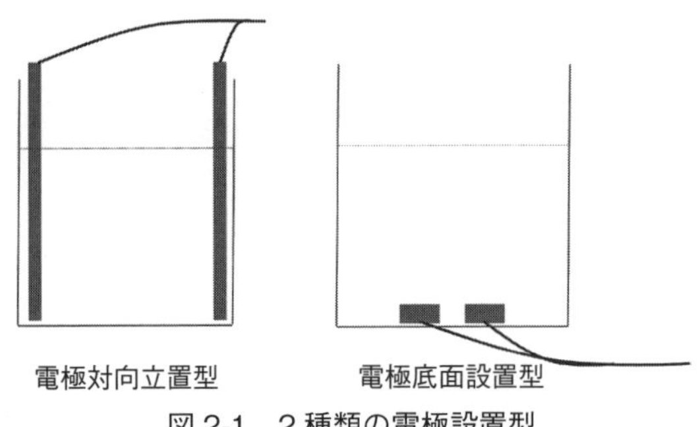

図 2-1　2種類の電極設置型

1. 阿久津正蔵が開発した電極式炊飯器に関連する特許・実用新案

通電加熱による電極式炊飯器の開発は、陸軍の阿久津正蔵によるところが大きい。1931（昭和6）年の満州事変の後、寒冷なシベリアや中国大陸で米をどう補給して炊飯するか、また、パン食への代替をどう進めるかなどの課題を抱えていた陸軍が、その対策として阿久津に「飯がたけ、パンが焼ける給養車を戦車団の装備として、速やかに完成せよ、金はいくらかかってもよろしい」[2)]と命じたことから、炊飯およびパン焼きができる炊事自動車の開発が進められた。

この開発を主に担った阿久津は、1921（大正10）年に陸軍経理学校を卒業して主計将校となり、1926（大正15）年には陸軍糧秣本廠研究部員として食糧工学の特に製パンの研究を行い、その後炊事自動車の開発を命じられる。炊事自動車完成後の1940（昭和15）年には陸軍武官としてドイツの日本大使館に派遣され、ヨーロッパの食糧工業を研究しドイツで終戦を迎えている。

戦前から戦後にわたって長く食糧工業にかかわり、この炊事自動車開発以外の期間は、日本式の製パン技術としてファシー式製パン法を開発したり、財団法人パン科学会の創立に参画したりするなど製パンやパン工業の発展のために寄与した人物である[3)]。

陸軍炊事自動車の研究開発は1933（昭和8）年に開始され[4)]、電極式炊飯器に関する多くの特許や実用新案が出願されている。通電するための電極の設置方式は、ほとんどが対向立置型で、炊事自動車に搭載された電極式炊飯器も対向立置型である。底面設置型の炊飯装置として「電気炊飯箱（実用新案5849)」（図2-2）が1934（昭和9）年12月に出願されているが、阿久津が開発した炊飯装置の中で底面設置型はこの1件だけである。

ただし、対向立置型の炊飯装置を含む多くの特許・実用新案は、考案者が阿久津正蔵で出願人は陸軍大臣で出願されているのに対して、底面設置型の「電気炊飯箱」だけは、陸軍とは関係なく阿久津個人で出願されている。

表2-1に阿久津の考案した通電加熱による電極式調理に関する特許・実用新案を示す[5)]。

2. 電極式炊飯器搭載の炊事自動車の概要

阿久津の開発した九七式炊事自動車[6)]は、九四式六輪トラックの荷台に発電装置や電極式炊飯器を設置して試作され、以降、改良が重ねられて完成したものである（図2-3）。

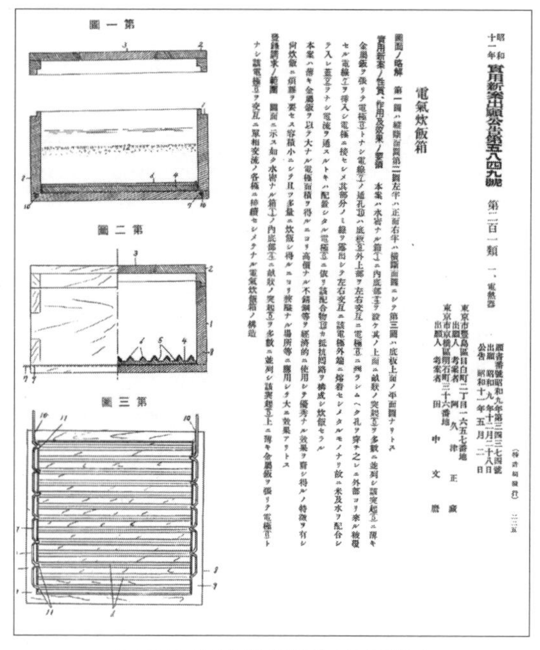

（特許局發行）　二三五

昭和十一年　實用新案出願公告第五八四九號　第二百一類　一、電熱器

願書番號　昭和九年第三四三七四號
出願　昭和九年十二月二十八日
公告　昭和十一年五月二日

東京市豐島區目白町二丁目一六五七番地
出願人 考案者　阿久津正藏
東京市京橋區明石町三十六番地
出願人 考案者　田中文麿

電氣炊飯箱

圖面ノ略解　第一圖ハ縱斷面圖第二圖左半ハ正面右半ハ横斷面圖ニシテ第三圖ハ底板上面ノ平面圖ナリトス

實用新案ノ性質、作用及效果ノ要領　本案ハ水密ナル箱(1)ニ内底部(4)ヲ設ケ其ノ上面ニ鋸狀ノ突起(5)ヲ多數ニ並列シ該突起(5)ニ薄キ金屬鈑ヲ張リテ電極(11)トナシ電線(7)ノ通孔(10)ハ底板(8)外上部ヲ左右交互ニ電極(6)ニ觸ラシムヘク孔ヲ穿チ之レニ外部ヨリ來ル被覆セル電線(7)ヲ挿入シ電極ニ接セシメ其部分ノミ線ヲ露出シテ左右交互ニ該電極外端ニ熔着セシメタルモノナリ故ニ米及水ヲ配合シテ入レ蓋(2)ヲナシ電流ヲ通スルトキハ配置シタル電極(6)ニ依リ該配合物(12)カ抵抗回路ヲ構成シ炊飯セラル

本案ハ薄キ金屬鈑ヲ以テ大ナル電極面積ヲ得ルニヨリ高價ナル不銹鋼等ヲ經濟的ニ使用シテ優秀ナル效果ヲ齎シ得ルノ特徴ヲ有シ尚炊飯ニ須臾ヲ要セス容積小ニシテ且ツ多量ニ炊飯シ得ルニヨリ狹隘ナル場所等ニ應用シテ大ニ效果アリトス

登錄請求ノ範圍　圖面ニ示ス如ク水密ナル箱(1)ノ内底部(4)ニ鋸狀ノ突起(5)ヲ多數ニ並列シ該突起(5)上ニ薄キ金屬鈑ヲ張リテ電極(11)トナシ該電極(11)ヲ交互ニ單相交流ノ各極ニ接續セシメタルナル電氣炊飯箱ノ構造

第一圖

第二圖

第三圖

図 2-2「電気炊飯箱」実用新案

搭載された電極式炊飯器は木製の箱型おひつ（幅 400 mm × 奥行 572 mm × 高さ 218 mm）で、そこに麦や米を入れた後にお湯を入れ蓋をする。蓋には縦に対向に配置した 5 枚の電極板が装着されているので、蓋をすると同時に電極板が米を含む水中に挿入される構造で、通電するとジュール熱が発生して炊飯することができる。5 枚の電極板が炊飯箱の蓋に直接取り付けられているため、炊き上がった後に蓋を持ち上げると電極板も一緒に取り外すことができ、電極板を取り外した箱がそのままおひつになる構造をしている（図 2-4）。電極板は純鉄製が原則であったが、錆びやすいため鋼板が用いられていた。

電極式炊飯器は、炊事自動車後部の両側の 2 段の棚に 3 個ずつ計 12 個が搭載されている（図 2-5）。炊飯装置の電圧は 115 V、周波数は 50 Hz、最大消費電力は 2500 W になり 14 分程度でご飯が炊きあがる。1 回に 9 L（25 食分）のご飯が炊け、炊事自動車に設置された計 12 個の炊飯装置で一度に 300 食のご飯を炊くことができる[7]。

表 2-1　阿久津正蔵が考案した電極式調理に関する特許・実用新案

名称	実用新案・特許	出願日	概要	電極の型
電気炊飯装置	実用新案174546号	昭和９年６月	板状の電極を縦に二枚対向に設置した炊飯装置	対向立置
耐震電気炊飯装置	実用新案15658号	昭和９年８月	板状の電極を縦に複数対向に設置した炊飯装置	対向立置
電気炊飯用電極	実用新案15475号	昭和９年８月	電極板をコの字型に改良	対向立置
炊飯用電極板	実用新案1058号	昭和９年12月	コの字型電極周辺部を絶縁した改良型電極板	対向立置
電気炊飯箱	実用新案5849号	昭和９年12月	電極を底に畝上に対向に設置した炊飯器	底面設置
電気煮炊装置	特許118764号	昭和10年１月	電極板の高さを変えて電流密度を調整した煮炊装置	対向立置
電気煮炊装置	実用新案4045号	昭和10年１月	抵抗を直列につなぐことでショートを防ぐだけでなく、抵抗での発熱を水の加熱にも利用	対向立置
電気煮炊装置の整流板	実用新案4046号	昭和10年１月	適当な電流密度に調整するために、電極板の間に設置する穴を空けた整流板	対向立置
高周波煮炊装置	実用新案3958号	昭和10年３月	RLC直列回路にして電流を最大にする改良	対向立置
炊事車	特許116173号	昭和10年５月	発電機や電極式炊飯器を設備した車	対向立置
炊飯器を兼ねたる飯櫃	実用新案4949号	昭和10年５月	蓋に縦型電極板を対向に５枚設置してある飯櫃	対向立置
界磁線輪付煮炊装置	実用新案5844号	昭和10年５月	外箱にコイルを取り付けて発生する磁界によって、炊飯箱中の電流が流れにくいところを調整するように改良	対向立置
電気煮炊方法	特許126395号	昭和10年９月	電極板の腐食防止、通電状態の均一化、電極洗浄の簡易化のための油脂を塗布した電極板	対向立置
麺麭焼き転用し得る炊飯用電極	実用新案15565号	昭和11年４月	上部を酸化アルミニウムの絶縁体で被覆した電極板	対向立置

図 2-3　九七式炊事自動車 [8)]

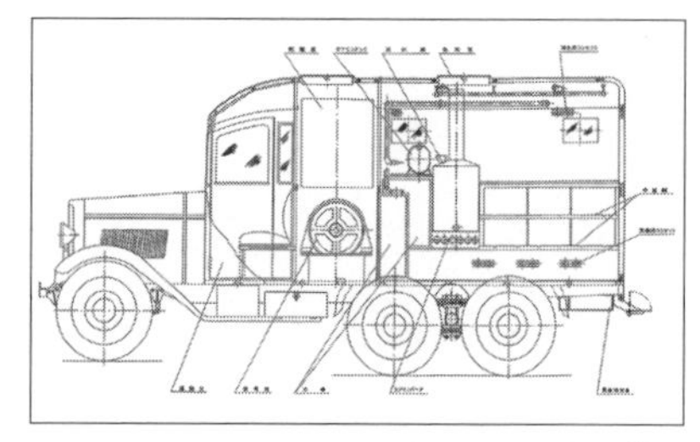

図 2-5　九七式炊事自動車の図面 [9)]

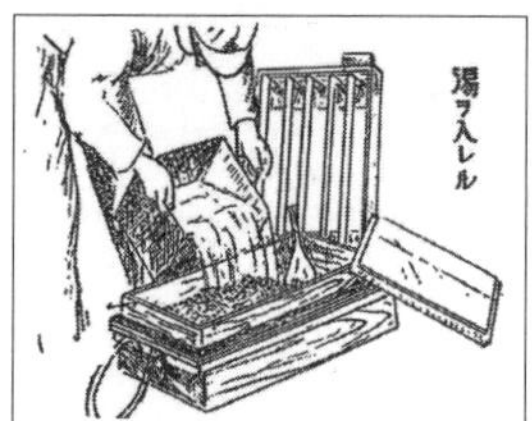

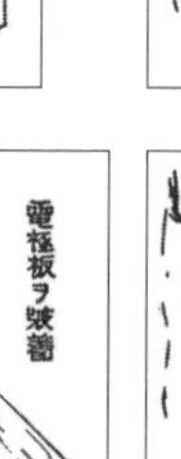

図 2-4　九七式炊事自動車の電極式炊飯器の取り扱い方（給養器具取扱説明書）[8)]

3. 炊事自動車完成までの経緯と実際

「飯がたけ……速やかに完成せよ」と命じられて 1933（昭和 8）年に研究を開始し、1934（昭和 9）年 1 月には満州での試作車試験の実施が申請され[10)]、1935（昭和 10）年 3 月には雑誌『糧友』に炊事自動車の富士山麓雪中試験演習の状況が写真入りで報告されている[11)]。1937（昭和 12）年には完成し[12)]、7 月に起こった日中戦争では酒井鎬次中将を団長とする独立混成第一旅団に炊事自動車が配置され、1939（昭和 14）年のノモンハン事件にも出動し戦車団の夜間戦闘で一緒に行動した[7]。ノモンハン事件後は関東軍から300台の炊事自動車の装備の要請があり中国大陸の中部・北部地方で運用された[2]。後年、阿久津が亡くなった際に『パン科学会誌』にまとめられた阿久津正蔵の業績の中には、炊事自動車が約1000台製造されたと書かれている[3]。

戦後になって、阿久津がタクシー乗車中に炊事自動車開発の話をした際に「運転士の中に、ああ、その車を運転しましたよ、というのに、3人出会いました」[2]と述懐していることから、多くの炊事自動車が戦場で実際に活用されていたことが裏付けられる。

陸軍糧秣本廠研究部で阿久津の上官であった川島四郎は、戦後栄養学者として桜美林大学教授等を務め、栄養に関する本を多数書いている。その中に『炊飯の科学』があり、電極式炊飯について「大戦中、旧陸軍で考案され、大型自動車に積載した〈野戦自動車式炊飯車〉として実際に作り上げ、各演習に出動

表2-2　炊事自動車完成までの道のり

年月	事項
昭和8年4月	研究開始
昭和8年10月	九三式炊事自動車 試作（4輪トラックに炊飯設備を搭載）
昭和9年2月	信州で実用試験 結果良好
昭和9年6月	電気炊飯装置 実用新案出願
昭和9年8月	「耐震電気炊飯装置」「電気炊飯用電極」実用新案出願 九四式炊事自動車 試作
昭和9年12月	「電気炊飯箱」「炊飯用電極板」実用新案出願
昭和10年1月	「電気煮炊装置」「電気煮炊装置の整流板」実用新案出願
昭和10年2月	富士山麓付近で実用試験 結果良好 *電気パンの研究成果を陸軍糧秣本廠に報告*
昭和10年5月	「炊事車」特許、「炊飯器を兼ねたる飯櫃」実用新案出願
昭和10年9月	「電気煮炊方法」実用新案出願
昭和10年12月	九五式炊事自動車 試作
昭和11年2月	軽井沢、満州で実用試験 結果良好
昭和11年4月	「麺麭焼き転用し得る炊飯用電極」実用新案出願
昭和11年12月	九六式炊事自動車 試作
昭和12年5月	九七式炊事自動車 完成 酒井鎬次中将を団長とする独立混成第1旅団に配置された
昭和18年12月	*『パン科学』発刊（電気パン記述あり）*

し、充分に実用し効果を上げ得たものである」[13]とし、その特長として「①走行中に炊飯できること　②生煮え焦げつきがなし　③釜すなわち櫃となって分配に便利なこと　④電気コードを伸ばせば、山頂にても塹壕中にても炊煙火光を敵に見せずして炊飯し得ること」[13]の4点を挙げ、電極式炊飯の有用性を語っている。

表2-2に炊事自動車が完成するまでの経緯をまとめたものを示す。

4. 炊事自動車と電極式製パンの関係

電極式炊飯器を短期間で実用化できたのは、阿久津が「生パンに電流を通しパンを焼き上げるという着想は既に米国に於いて創意されている」[14]と、1933（昭和18）年出版の『パン科学』に記しているように、製パン研究においてすでに電極式調理の原型を知っていたからである。また、1930（昭和5）年から1933（昭和8）年まで陸軍依託学生として東京大学工学部に在籍し「化学工学」「発酵工学」等の基本的な知識を得ていたこと、さらに野戦給養装備機械の研究に従事していた鈴木猛男技師や東京工業大学講師で電気機械の専門家である小沢省吾らの協力が得られたこと、そして、陸軍所属の阿久津が海軍技術研究所の設備を活用することができたためである[2]。

なお、阿久津によって電気パンに関する研究成果が、1935（昭和10）年2月に陸軍糧秣本廠に報告されている[14]。この報告には「本電気パン製法にては電気炊飯用と同一の櫃を用いて電源装置のみを変え」[14]や、電気パンの実用にあたっては「電気炊事自動車の電源と設備の利用に重点を置き考案」[14]と記されていること、また、「電気炊飯装置（実用新案17456号）」が、この電気パンの報告の前年の1934（昭和9）年にすでに出願されていることから、炊飯技術を先に開発して実用化し、その次に、この技術を電気パンに応用したと考えられる。

阿久津は、陸軍炊事自動車搭載の電極式の調理器で製パンと炊飯の両方ができるように研究を進めていたが、実際の炊事自動車においては、電極式の炊飯器として実用化されたものの、電気パンの実用化にはいたらなかった。

注および参考文献

1) 電極を蓋と鍋底に設置するものや、棒状電極を複数使用するものなどが実用新案や特許に見られるが、実用化された記録が残っていないため本稿ではこの2つの方式を取り上げる。
2) 阿久津正蔵「電極式電流炊飯とパン焼きの発明」『食品と科学』食品と科学社、30巻5号、1988、pp.112-113.
3) 盛田慶吉「阿久津正蔵先生を悼む」『パン科学会誌』日本パン科学会研究所、34巻3号、1988、pp.50-56.
4) 陸軍大臣杉山元「給養器具仮制式の件」、1937、198画像目.
国立公文書館アジア歴史資料センター C01007057300.
5) 表2-1の他にも煮炊状態の表示装置など、周辺領域の特許や実用新案も出願されている。
6) 九七式は、神武天皇即位紀元の紀年法の皇紀年号2597（1937、昭和12）年に正式採用されたため。
7) 高橋昇『日本の戦車と軍用車両』文林堂、2005、pp.167-169.
8) 陸軍糧秣本廠「九七式炊事自動車」『給養器具取扱説明書』、1939.
9) 陸軍大臣杉山元「給養器具仮制式の件達」、1938、44画像目.
国立公文書館アジア歴史資料センター C01005070700.
10) 陸軍糧秣本廠「野戦炊事自動車試験の為満洲国へ出張の件」、1934.
国立公文書館アジア歴史資料センター C04011754700.
他にも、1936（昭和11）年5月に第1期丙種学生の賓神嗣雄から東久爾宮稔彦王殿下に、野戦電気炊事自動車が1934（昭和9）年3月に試作されていることが報告されている。
中野良『陸軍経理学校五十年史』不二出版、2011、pp.768-770.
11) 食糧協会『糧友』10巻3号、1935.
製パンの試験報告も1つ残っており、パン種が凍らないように保温さえしてあれば、零下30度でも電気パンが可能であることが報告されている。「主食に関する陸軍糧秣研究資料綴　橋本史料」中に綴じられている「電気製パン法について」（陸軍技師 安原育也）に記載されているが、研究年は不明である。
国立公文書館アジア歴史資料センター　C14110496700.
12) 陸軍大臣杉山元「給養器具仮制式の件」、1937、202画像目.
国立公文書館アジア歴史資料センター C01007057300.
13) 川島四郎『炊飯の科学』光生館、1974、pp.106-107.
14) 阿久津正蔵『パン科学』生活社、1943、p.455.

第3章

終戦後の家庭用電極式炊飯器

1. 国民栄養協会による厚生式電気炊飯器

戦前に、陸軍の阿久津によって炊事自動車に搭載するために開発された電極式炊飯器の技術を応用して、終戦後に、国民栄養協会は家庭用に厚生式電気炊飯器を開発し、その普及に向けて斡旋・販売している。国民栄養協会の前身は任意団体食養会[1]で、軍隊などで流行していた脚気の予防など食養・食育を目的として1906（明治39）年に旧内務省内に発足し、1907（明治40）年に『食養雑誌』第1号を発刊している。発刊の辞に、化学的食養を研究して「大にしては富国強兵の基礎を固め、小にしては一身一家の健全を計り」[2]とあることから、食養会が軍と関係の深い団体であることがわかる。その後、食事情が切迫した戦時中の食養のあるべき姿を示すため1943（昭和18）年に社団法人国民食協会に改組し雑誌『国民食』を発刊したが、戦後の1946（昭和21）年1月に解散し5月にその業務を引き継ぐかたちで財団法人国民栄養協会が誕生している[3]。

国民食協会解散前の1946（昭和21）年1月に発行された『国民食』最終号の「『国民栄養協会』生る」には役員一覧が掲載されており、初代会長に後の首相の芦田均、専務理事に生活協同組合運動や協同組合保険（共済）運動など日本の労働運動の重要な役割を担った賀川義彦、理事や常務には厚生次官をはじめ厚生省や農林省のOBや経済界の指導者が多く就任していたことや、事務所が厚生省公衆衛生局内におかれていることから、国民栄養協会は官製団体であり政治的にも大きな影響力を持った団体であったといえる。

国民栄養協会には目的が6つ示されており、その1つに「炊事機械器具および食糧加工機器の研究および斡旋」[4]が挙げられ、事業計画に「電気炊飯桶の普及斡旋」[5]と記されている。

国民栄養協会誕生後の 1946（昭和 21）年に発刊された『食生活』4 月号の協会だよりには「厚生式電気炊飯器の試作の境を観して、いよいよ頒布を開始し得るに至った。木製の桶に簡単な電極二対を取り付けたのみの極めて簡単な構造で、かつ堅牢であり扱い方も容易、電気知識のない人にも安全に電気炊飯ができて、炊損じ等の気遣いもない。値をなるべく低額にしたいと目下研究中であるから、詳細は次号に発表する」[6]とあることから発売が間近であることがわかる。そして、『食生活』5 月号には厚生式電気炊飯桶の広告が掲載され、

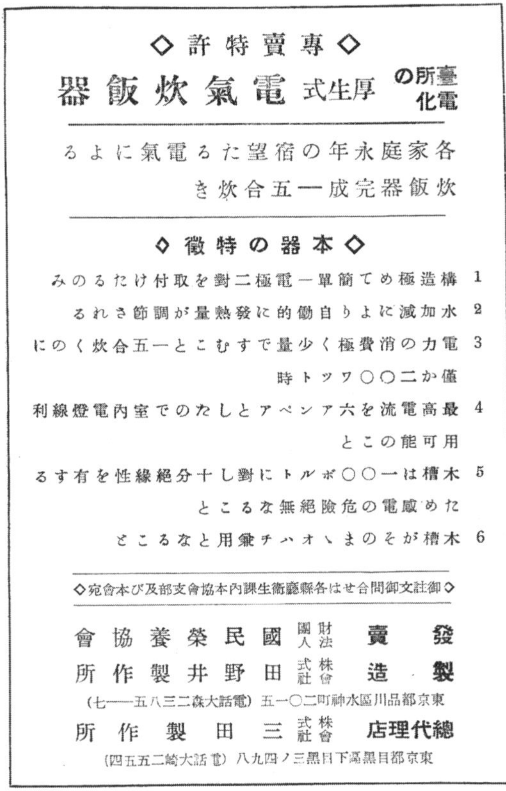

◇專賣特許◇
厚生式電氣炊飯器　臺所の電化

各家庭永年の宿望たる電氣による
炊飯器完成一五合炊き

◇本器の特徴◇
1 構造極めて簡單一電極二對を取付けたるのみ
2 水加減により自働的に發熱量が調節さるる
3 電力の消費極く少量ですむこと一五合炊くのに僅か二〇〇ワット時
4 最高電流六アンペアとしたので室内電燈線利用可能のこと
5 木槽は一〇〇ボルトに對し十分絶縁性を有するため感電の危險絶無なること
6 木槽がそのまゝオハチ兼用となること

◇御注文御問合せは各縣廳衛生課内本協會支部及び本會宛◇

發賣　財團法人　國民榮養協會
製造　株式會社　田野井製作所
東京都品川區水神町二〇一五（電話大森二三八五——一七）
總代理店　株式會社　三田製作所
東京都目黒區下目黒三ノ四九八（電話大崎二五五四）

図 3-1　厚生式電気炊飯器の広告
（『食生活』449 号掲載）

協会だよりには「多量生産を進めている」[7]と生産が開始されたことが書かれている。『食生活』6月・7月合併号以降はページ全面に電気炊飯器の広告が掲載され（図3-1)、『食生活』8月号の協会だよりに「電気炊飯器はますます好評、ドシドシ御申込を乞う」[8]と記され評判の良い状況が伝わる。しかし、電気炊飯器の広告が『食生活』1947（昭和22）年1月号までは掲載されているものの、2月号以降の紙面には電気炊飯器が登場しなくなる。自動電気釜が家電製品として一般家庭に普及するのは昭和30年代以降であることから、高価な電極式の炊飯器の普及がすすむ前に、薪炭・ガスなどの燃料不足が解消され、多くの家庭ではかまどでご飯を炊いていたと考えられる。

現存している厚生式電気炊飯器が2点あり、うち1点は神奈川県平塚市博物館に所蔵されている。この厚生式電気炊飯器は、1970年に、当時のミツハシライスの位置にあった海軍火薬廠内の倉庫から堤誠氏が発見し、堤千枝子氏が博物館に寄贈したものである[9]。

図3-2　厚生式電気炊飯器（平塚市博物館所蔵）

2点目は、お笑いコンビ・オキシジェンの三好博道氏の父親が所持しているもので、2018年3月14日放映のTV朝日系バラエティー番組「超イッテンモノ」で紹介されている。三好氏の厚生式電気炊飯器も、平塚市博物館所蔵の炊飯器と同様に、平塚市の海軍火薬廠（現横浜ゴム）の地下倉庫に保管されていたもので、1970年頃、三好氏の友人が横浜ゴムから地下倉庫の処分を依頼

図 3-3　厚生式電気炊飯器（三好日出一氏所蔵　青木孝氏撮影）

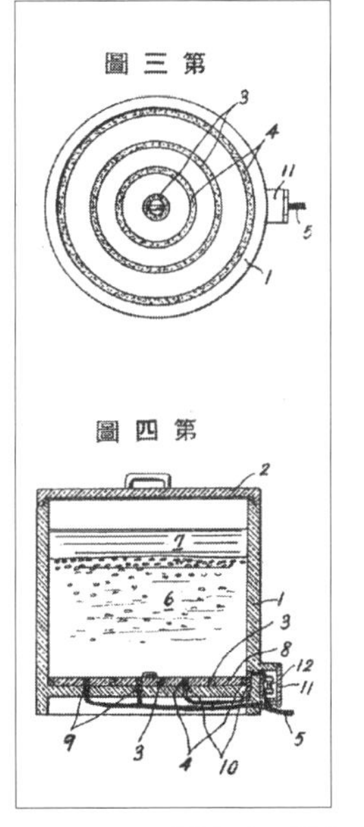

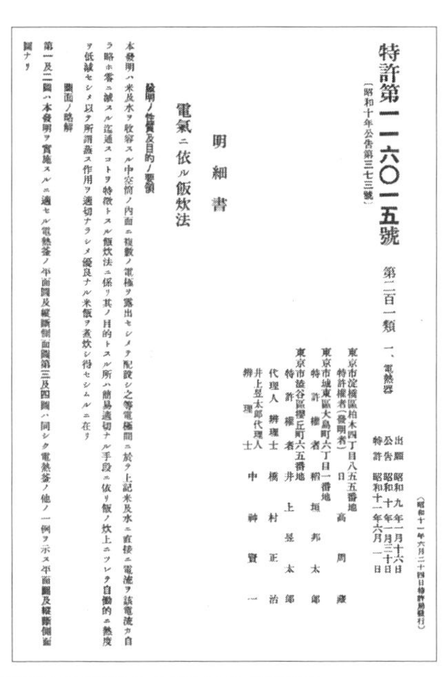

特許第一一六〇一五號
（昭和十年公告第三七三號）

第二百一類　一、電熱器

東京市淀橋區柏木四丁目八五五番地
特許權者（發明者）　日高周藏
東京市城東區大島町六丁目一番地
特許權者　稻垣邦太郎
東京市澁谷區櫻丘町六五番地
特許權者　井上昱太郎
代理人　辨理士　橋村正治
井上昱太郎代理人
辨理士　中神賢一

出願　昭和九年一月十六日
公告　昭和十年一月三十日
特許　昭和十一年六月一日

（昭和十一年六月二十四日特許局發行）

明細書

電氣ニ依ル飯炊法

發明ノ性質及目的ノ要領

本發明ハ米及水ヲ收容スル中空筒ノ內面ニ複數ノ電極ヲ露出セシメテ配設シ之等電極間ニ於テ上記米及水ニ直接ニ電流ヲ該電流カ自ラ略ホ零ニ減スル迄通スコトヲ特徴トスル飯炊法ニ係リ其ノ目的トスル所ハ簡易適切ナル手段ニ依リ飯ノ炊上ニツレテ自働的ニ熱度ヲ低減セシメ以テ所謂蒸ス作用ヲ適切ナラシメ優良ナル米飯ヲ煮炊シ得セシムルニ在リ

圖面ノ略解

第一及二圖ハ本發明ヲ實施スルニ適セル電熱釜ノ平面圖及縱斷側面圖第三及四圖ハ同シク電熱釜ノ他ノ一例ヲ示ス平面圖及縱斷側面圖ナリ

図 3-4　厚生式電気炊飯器と同型の日高周蔵
「電気に依る飯炊法」特許 116015 号

された時に、新品の厚生式炊飯器を 100 個ほど見つけ、その 1 つを個人的に保管し、後に三好氏がこれを譲られたものである[10)]。

現在残っている 2 つの厚生式電気炊飯器は，2 つとも平塚市にあった海軍火薬廠の倉庫に保管されていたもので、1970 年頃に倉庫内のものを処分した際に発見されたものである。

厚生式電気炊飯器の電極は底面設置型で、図 3-2、3 のように木製のおひつの底に同心円状の電極が 4 つ設置されている。この電極の形状は 1934（昭和 9）年 1 月に日高周蔵が出願した特許「電気に依る飯炊法（特許 116015 号）（図 3-4）とまったく同じである[11)]。

厚生式電気炊飯器に五合のお米を入れて電源を入れると、約 30 分後に沸騰し、その 15 分後には炊き上がる。炊き上がると水分がなくなるため自動的に電気が止まる。その際の消費電力量は 200 ワット時程度で、電熱器の消費電力の 1/5 ですむと、厚生式電気炊飯器の説明書（図 3-5）に書かれている。

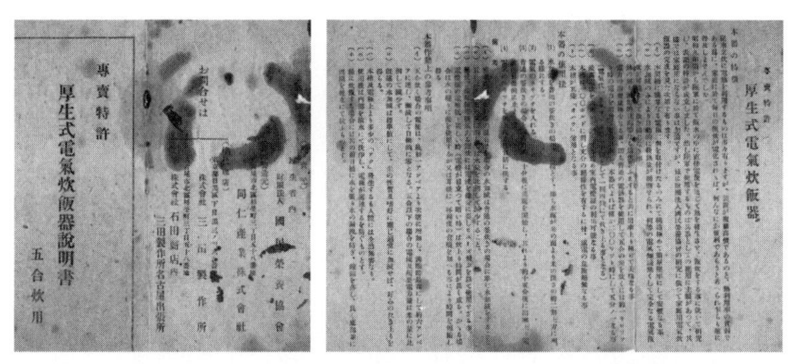
専賣特許
厚生式電氣炊飯器説明書
五合炊用

お問合せは
財團法人 國民榮養協會
同仁產業株式會社
株式會社 三田製作所
株式會社 石田商店内
三田製作所名古屋出張所

専賣特許
厚生式電氣炊飯器

図 3-5　厚生式電気炊飯器説明書（三好日出一氏所蔵）

厚生式電気炊飯器の説明書に記載されている製造元は名古屋の同仁産業株式会社、販売元は名古屋の石田商店（三田製作所の代理店）であるが、国民栄養協会の雑誌『食生活』掲載の広告に記載されている厚生式電気炊飯器の製造元は東京都品川区の田野井製作所、販売元は三田製作所で説明書の記載と異なることから、厚生式電気炊飯器が全国で製造・販売が展開されていたことがわかる。

雑誌『食生活』の1946（昭和21）年8月号には厚生式電気炊飯器の普及のために、電気炊飯器の使い方や取り扱い上の注意、炊飯以外の調理法などを紹介する記事が掲載されている。その記事中には「かつて元陸軍糧秣本廠が持っていた特許の使用権を当協会が譲り受けて作ったのだが、近頃二三類似品が出ている様子である」[8]と書かれていることから、当時、厚生式電気炊飯器の他にも類似の電極式炊飯器が製造・販売されていた様子がうかがえる。

2. 富士計器製タカラオハチ

厚生式電気炊飯器と同形式の電極底面設置型の炊飯器で現存しているものにタカラオハチがあり、大阪市立科学館、埼玉県坂戸市立歴史民俗資料館、愛媛県宇和島市吉田ふれあい国安の郷[12]、愛媛県歴史文化博物館[13]、東京都調布市郷土博物館、東京都東村山ふるさと歴史館の6か所に残っている。

タカラオハチは東京都蒲田区（現在の大田区）の富士計器株式会社が製作したものである。1938（昭和13）年に北辰電気（現在の横河電気）と富士電機が提携して設立した富士航空計器が、終戦後に社名から航空を外して富士計器になって、軍需から民需へ方向転換を図るべくラジオや懐中電灯やタカラオハチなどを開発・販売している[14]。

大阪市立科学館に所蔵されているタカラオハチには「東京都生活用品価格査定委員会小売価格180円」の証紙が貼られている（図3-6）。

この時期の貨幣価値は急速に変化しているので、単純に比較はできないが、昭和22年の山手線の初乗り運賃が50銭、第一銀行初任給220円、東京公立

図3-6　タカラオハチ証紙（大阪市立科学館所蔵）

小学校教員初任給が昭和21年300～500円、昭和23年2000円[15]であることや、図3-7の朝日新聞の広告「各百貨店で販売中」と書かれていることからも、非常に高価であったことがうかがえる。

図3-7　タカラオハチ新聞広告
左：1947（昭和22）年2月9日読売新聞
右：1947（昭和22）年3月17日朝日新聞

タカラオハチの底面の電極の形状は、厚生式電気炊飯器の同心円状とは異なり、図3-8（電熱器（実用新案359047号））に示す櫛型で、考案者は富士航空計器の近藤英一郎である。

富士航空計器が実用新案を持っている底面電極が櫛型のタカラオハチが、大

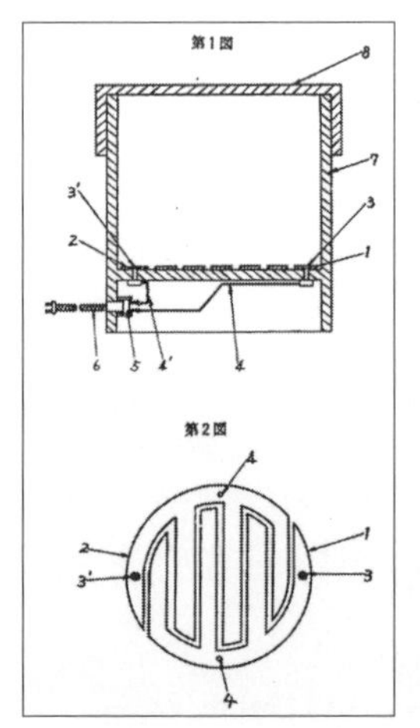

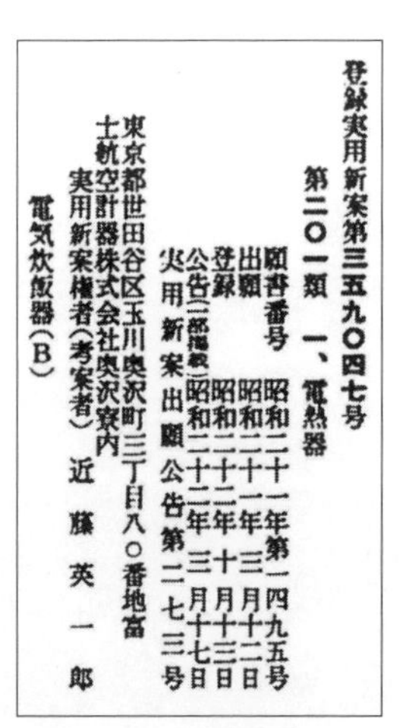

登録実用新案第三五九〇四七号
第二〇一類　一、電熱器
願書番号　昭和二十一年第一四九五号
出願　昭和二十一年三月十二日
登録　昭和二十二年十月十三日
公告（一部掲載）昭和二十二年三月十七日
実用新案出願公告第二七三号
東京都世田谷区玉川奥沢町三丁目八〇番地富士航空計器株式会社奥沢寮内
実用新案権者（考案者）　近藤英一郎
電気炊飯器（B）

図3-8　タカラオハチの実用新案359047号

図 3-9　大阪・愛媛・埼玉に残るタカラオハチ
（宇和島市吉田ふれあい国安の郷所蔵）

表 3-1　３種類のタカラオハチと厚生式電気炊飯器の電極形状と所蔵館

ラベル				
電極の形状	櫛型 富士航空計器の実用新案と同じ形状	中央円盤＋同心円２つ	同心円４つ 右の厚生式電気炊飯器と同じ形状（日高周蔵の特許）	同心円４つ 左のタカラオハチ（B 型）と同じ形状（日高周蔵の特許）
大きさ	高さ 18 cm 上部直径 20 cm 下部直径 18 cm	高さ 19.5 cm 上部直径 23.5 cm 下部直径 23 cm	高さ 20.5 cm 上部直径 21.8 cm 下部直径 19 cm	
所蔵館	大阪市立科学館 愛媛吉田ふれあい国安の郷 愛媛歴史文化博物館 坂戸歴史民俗資料館	東京調布市郷土博物館 （神奈川平塚市博物館）	東京東村山ふるさと歴史館	平塚市博物館 三好日出一氏所蔵

阪市立科学館、愛媛ふれあい国安の郷、愛媛歴史文化博物館、埼玉坂戸歴史民俗資料館の4か所に残っている（図3-9)。しかし、調布と東村山のタカラオハチは電極が櫛型ではなく同心円型で、さらに、この2つの同心円型の電極は形状が異なるうえに、東村山のものの電極の形状は厚生式電気炊飯器とまったく同じである。東村山のタカラオハチのラベルには「B型」とあることから、櫛型のタカラオハチを製造後に、改良型として「B型」を製造したと考えられる。電極の形状が厚生式電気炊飯器と同じなのは、特許を借りて委託製造、もしくは、特許を購入して製造等が考えられるが、それぞれ寄贈者等が不明でこれ以上詳しく調査することはできなかった。現在、電極の形状やおひつ（おはち）の大きさが異なる3種類のタカラオハチが確認されている。それぞれの特徴を表3-1に示す。

なお、平塚市博物館には、調布市郷土博物館のタカラオハチ（図3-10）と

図3-10　調布市郷土博物館所蔵のタカラオハチ

図3-11　平塚市博物館所蔵の電極式炊飯器ラベルなし（新倉氏寄贈）

電極の形状やおひつの大きさが同じであるが、ラベルがない電極式の炊飯器が所蔵されている（図3-11）。寄贈者の新倉勇氏が平塚市初のテレビを製作した電気工作の専門家であることから、平塚市博物館所蔵の電極式炊飯器が富士計器製のタカラオハチなのか、タカラオハチを手本にして新倉氏が自作したのか判断できないが、少なくとも新倉氏が調布のタカラオハチと同じ製品を目にしていたことは確かであろう[16)]。

タカラオハチに付属している説明書（御愛用のしをり）（図3-12）には、五合炊きで約45分200ワット時、一升炊きで約80分400ワット時と記載され、電熱器よりも消費電力が少なくて済むと書かれている。また「塩分を多量に含んだ材料やお酢などをお用ひになった材料で直接に此のおはちで炊飯なさることは（たとえば茶めしや竹の子めしなどの炊き込み等）絶対にお避け下さい」と注意書きしてあり、大きな電流が流れることへの注意喚起がされている。

なお、説明書（御愛用のしをり）には「家庭用電気パン焼き器オートベーカー姉妹品」と書かれていることから、富士計器では、先に電極式パン焼き器を製作していたことがわかるが、オートベーカーの現物や資料は見あたらない。

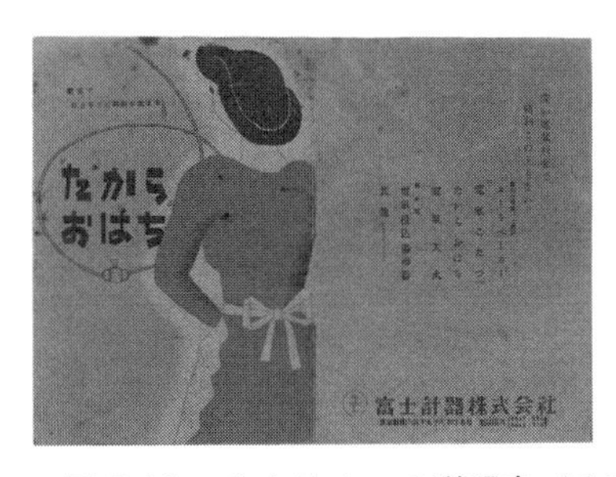

図3-12　タカラオハチ説明書（愛媛宇和島市吉田ふれあい国安の郷所蔵）

大阪市立科学館では、電極式炊飯器であるタカラオハチの複製品を製作し炊飯性能を確認する再現実験を行っている。再現実験では、電源を入れた当初の電力が70 W程度であったが次第に大きくなって約15分後には200 W程度になり、それ以降電力は小さくなって約30分後に30 W程度になったこと。また、安定したところで電源を切り、5分程度蒸らしてから蓋を開けるときれいに炊けていて「普通の電気炊飯器で炊いたものと遜色のなく炊くことができた」[17]ことが報告されている。

1947(昭和22)年出版の書籍『電熱器の設計及製作法』『家庭用電気器具』『家庭の電化』には、それぞれ電極式炊飯器が図入りで紹介されている。いずれの図も電極底面設置型で、電極の形状は数が異なるものの多くが厚生式電気炊飯器と同じ同心円状であるが、『家庭用電気器具』にはタカラオハチとは形状が異なるが櫛型の図も掲載されている。したがって、厚生式電気炊飯器と同じ同心円状電極もタカラオハチと同じ櫛型電極も一般に流通していたことがうかがえる[18]。

3. その他の電極式炊飯器

電極式炊飯器の特許・実用新案は、戦前は炊飯だけでなく煮炊を含めても阿久津（陸軍炊事自動車）と日高（厚生式電気炊飯器）の2つしかなかったが、終戦後の1年間に類似の特許・実用新案がタカラオハチの他に70件以上出願されている。その中には、1955(昭和30)年に、炊飯が終了すると自動でスイッチが切れる日本初の自動式電気釜（電極式ではなく電熱式）を製品化した東京芝浦電気株式会社（現在の東芝）も含まれており、四角い箱の底に電極を設置し温水や飯炊等に利用する電極式調理器具「電熱装置（実用新案357475号）」を出願している。また、1971(昭和46)年に血液型と気質が関係するとして『血液型でわかる相性』[19]を出版し、血液型性格診断という疑似科学を日本に浸透させるきっかけをつくった能見正比古も、当時は東京大学工学部に在籍しており、1946（昭和21）年4月に底の電極と底板を交換可能にした「電極式炊飯器（実用新案357832号）」を出願している。

しかし、実用化されて販売された記録を見つけることができたのは、2、3で触れた厚生式電気炊飯器とタカラオハチだけであった。他には製品化の記録はないが、ソニー株式会社の前身である東京通信工業の試作および失敗の逸話が知られている。

東京通信工業は、1945（昭和20）年10月には日本橋白木屋の3階でラジオの修理や改造をはじめていたが、終戦直後の軍需工場の閉鎖により一時的に余剰であった電力と入手可能な材料を使用して、人びとの生活に役に立つものを作ろうとして電極式炊飯器の開発を手がけている（図3-13）。しかし「できあがったのは木のお櫃にアルミ電極を貼り合わせただけの簡単な構造のもの。電圧の変化、水加減、お米の種類などによって芯があったり、お粥のようになったりしてしまい、うまく炊けることのほうがまれだった。このため、この電気炊飯器は発売されることなく、東通研の失敗作第1号となった」[20]とあるように製品化には至らなかった。ソニー創業期から発展期まで中心的な役割を担った盛田昭夫は「あるときは煮えすぎで、あるときは煮え足らずという具合でついにこれを断念した」[21]、また、井深大も「実験に使ったご飯が食べられるので、空腹にさいなまれることは一度もなかったが、おいしいご飯にありつけたことのほうが少なく、構造上のトラブルもあり、私たちは百数十個のお櫃をかかえたまま、その電気炊飯器の製造を中止せざるを得なかった」[22]と著書に書いているように、ソニー創業期の象徴的な出来事であることがわかる。また、同様の方法でパン焼き器も試作しているが、こちらも炊飯と同様に製品化には至っていない。

ソニーは終戦直後の1945（昭和20）年10月にラジオの修理などと並行して、電極式炊飯器や電極式パン焼き器の試作を始めたが、12月頃には断念している。厚生式電気炊飯器が1946（昭和21）年5月の販売開始であること考えると、ソニーの電極式炊飯器の開発が時代を先取りしていたのにもかかわらず製品化に至らなかったのは、当時はまだ電圧が安定しておらず、試作の条件が整っていなかったことや[23]、電極板にアルミニウムを使用していたため、通電時にアルミ板の表面が酸化され電流が低下してしまいうまく炊けなかったことなどが原因だと考えられる。

図3-13　東京通信工業試作の電極式炊飯器（ソニー博物館所蔵）

ソニーの他には、終戦前の1945（昭和20）年6月に労働科学研究所の西尾昇と高木和男が電極式炊飯器について「野戦炊飯の新方式」を報告しており、朝日新聞に「釜いらずの電気炊飯」[24)]が紹介されている。戦後、西尾昇が『労働と科学』に「電気すい飯の原理と実際」[25)]で電極式炊飯器について詳細に報告しているが、製品化や陸軍との関係については触れられていない。労働科学研究所は、労働者の労働環境、衛生状態、栄養状況の調査等を行っており、厚生式電気炊飯器を斡旋販売した国民栄養協会の理事にも労働科学研究所の有本邦太郎が名を連ねているが、電極式炊飯器の製品化や陸軍との関係性について触れられた資料は見あたらなかった。

4. 終戦後の家庭用電極式炊飯器の実際

これまで、終戦後に一般家庭向けに製作された電極式炊飯器についてまとめてきたが、その利便性について、1940（昭和15）年に東京芝浦電気で蛍光灯を実用化[26)]した関重広が1947（昭和22）年出版の『家庭の電化』で以下のように語っている。

> 私のように小田原から朝六時の汽車で通勤している人間も同様に、そのありがたみを痛感している。何となれば、六時の汽車で発つためには、食事を五時頃にしなければならない。そのためには四時頃に起きてご飯を炊かなければならないのだが、これはかなり苦痛である。さりとて、冬の寒い時に前夜から炊いておくことは冷えてしまって、これまたありがたくない。ところが、このお櫃を使うと夜寝る時か或るいは夜中に目をさましたような時に、枕元でちょっとスイッチを入れればよいので、朝起きた時には立派にご飯が炊けて、ふたを開ければポカポカと暖か湯気が立っている。まことにこの飯炊き器は終戦後の電熱界の傑作であると私は信じている[27)]。

また同書には「たまにはおこげがあったほうがよい」「昔の香ばしかったおこげの味を思い出したよ」[27)]などと語る友人がいたことにも触れられていることから、電極式炊飯器が一定程度普及し利便性だけでなく欠点も含め認められていた様子が伝わる。

なお、この書籍中には電極式炊飯器の図が2つ掲載されており、1つは厚生式電気炊飯器と同じ同心円状の電極であるが、もう1つは東京通信工業（ソニー）が失敗したものに似た形状になっている。その形状は偶然一致することはない複雑な形状であることから、東京芝浦電気（東芝）と東京通信工業（ソニー）の技術者の間で、何らかの交流があったとみるべきであろう。

注および参考文献

1）1934（昭和9）年に社団法人になっている。

2）食養会『食養雑誌』1号、1907、pp.1-4.

3）須川豊「国民栄養協会の動き」『公衆衛生』医学書院、59巻1号、1995、pp.67-70.

4）社団法人国民食協会『国民食』446号、1946、p.46.

5）開発初期は「電気炊飯桶」だが、製品化時には「電気炊飯器」になっている。

6）財団法人国民栄養協会『食生活』447号、1946、p.47.

7）財団法人国民栄養協会『食生活』448号、1946、p.47.

8）財団法人国民栄養協会『食生活』450号、1946、p.47.

9）平塚の空襲と戦災を記録する会『市民が探る平塚空襲　証言編』平塚市博物館、1998、p.172.

10）神奈川大学青木孝氏による三好日出一氏へのインタビュー調査による。
青木孝「電極式調理の発明からパン粉へ続く歴史および再現実験」『神奈川大学理学誌』30巻、2019、pp.9-16.

11）日高は、1933（昭和8）年12月にスキ焼きなどを煮る「電熱器」を出願し、1ヶ月後の1934（昭和9）年1月に「電熱器」と同じ構造で炊飯を行う「電気に依る飯炊法」を出願している。

12）愛媛県宇和島の吉田ふれあい国安の郷は2018年7月の豪雨被害で建物の1階が浸水被害に遭っているが、タカラオハチは2階に保管されていたため被害に遭うことなく残っている。

13）愛媛新聞2021年6月24日21面「えひめの歴史文化モノ語り」にタカラオハチが紹介されている。なお、愛媛歴史文化博物館への寄贈者宅に、もう1つのタカラオハチが残っているので、本書では，愛媛歴史文化博物館に2つ残っているものとする。

14）タカラオハチ説明書（御愛用のしをり）に、富士計器の住所が東京都蒲田区下丸子町と書かれているが、図3-7の1947（昭和22）年2月9日読売新聞広告には蒲田、1947（昭和22）年3月17日朝日新聞広告には太田と記載されている。これは、蒲田区が1947（昭和22）年3月15日に大田区になったためで、このことからも、タカラオハチの発売が1947年初頭であったことがわかる。

15）森永卓郎『物価の文化史事典』展望社、2008、p.352･399

週刊朝日編『戦後値段史年表』朝日文庫、1995、p.61
16）平塚市博物館『平成二十四年度秋期特別展 くらしの今昔 ― 電気・ガス・水道がなかった頃の道具たち ―』平塚市博物館、2012、p.19.
17）長谷川能三「電極式炊飯器とその再現」『大阪市立科学館研究報告』大阪市立科学館、23号、2013、pp.25-30.
18）眞野國夫『家庭用電気器具』資料社、1947、pp.70-79.
赤見昌一『電熱器の設計及製作法』電気日本、1947、pp.79-84.
関重弘『家庭の電化』彰考書院、1947、pp.45-54.
19）能美正比古『血液型でわかる相性』青春出版社、1971.
20）以下の多くの文献で触れられていることから、ソニー創業当初の象徴的な逸話であるといえる。
ソニー株式会社広報センター『ソニー創立50周年記念誌 GENRYU源流』、1996.
John Nathan著、山崎淳翻訳『ソニードリーム・キッズの伝説』文藝春秋、2002.
八島康生編『Sony Chronicle since1945』株式会社ソニー・マガジンズ、2010.
21）盛田昭夫『MADE in JAPAN我が体験的国際戦略』朝日新聞社、1990、p.54.
22）井深大『創造への旅 我が青春譜』佼成出版社、1985.
23）ソニー広報部『ソニー自叙伝』ワック株式会社、2001.
24）1945（昭和20）年6月15日付朝日新聞.
25）西尾昇「電気すい飯の原理と実際」『労働と科学』労働科学研究所、1巻1号、1946、pp.14･28-31.
26）原田常雄「放電灯の歴史」『照明学会誌』70巻9号、1986、pp.502-506.
27）関重弘『家庭の電化』彰考書院、1947、pp.45-54.

第4章 電極式炊飯器の開発史における阿久津正蔵と日高周蔵

電極式の炊飯器は、1937（昭和12）年に陸軍炊事自動車で実用化されてから、終戦後に家庭で使用された電極式炊飯器まで、十数年の短期間ではあったが、食糧、燃料ともに乏しかった日本で活躍していた。この電極式炊飯器の発明者が誰なのかを検討するにあたって、特許・実用新案に着目すると、1933（昭和8）年12月に電極式調理器具である電極対向立置型の「電熱鍋（実用新案11930号）」、電極底面設置型の「電熱鍋（実用新案11972号）」で、対向立置、底面設置の両形式について出願し、さらに1934（昭和9）年1月に電極底面電極型「電気煮炊釜（実用新案628号）」、「電気に依る飯炊法（特許116015号）」で炊飯に言及している日高周蔵の出願が最も早い。しかし、調査の範囲ではこの後歴史上に日高周蔵の名前を見ることはない。

一方、阿久津は陸軍で電極式炊飯器およびパン焼き器の製造を命じられて1933（昭和8）年4月に研究を始め、日高の出願よりも約半年遅れて1934（昭和9）年6月に電極対向立置型の「電気炊飯装置（実用新案17456号）」を出願している。以降、電極式炊飯に関するさまざまな特許・実用新案を取得するだけでなく、炊事自動車に搭載する電極式炊飯器の実用化に成功している。以下の表4-1に阿久津正蔵と日高周蔵が開発した電極式の調理技術についてまとめた年表を示す。

電極式炊飯の特許・実用新案を先に出願していたのは日高周蔵であるが、実際に電極式炊飯器を開発して実用化したのは阿久津正蔵である。また、阿久津は日高が実用新案を出願するより前の1933（昭和8）年4月には陸軍で極秘に研究を開始していることから、出願日だけで電極式炊飯器の発明者を日高とするのは早計である。

ただし、日高が製パンについては言及していないことから、電極式のパン焼

表 4-1　阿久津周蔵・日高周蔵の電極式調理の開発年表

	阿久津正蔵	日高周蔵
昭和 8 年 4 月	電極式調理の研究に着手	
昭和 8 年 10 月	九三式炊事自動車 試作 （4 輪トラックに炊飯設備を搭載）	
昭和 8 年 12 月		「電熱鍋」実用新案　電極対向立置型 「電熱鍋」実用新案　電極底面設置型
昭和 9 年 1 月		「電気煮炊釜」実用新案　電極底面電極型 「電気に依る飯炊法」特許で炊飯に言及
昭和 9 年 6 月	「電気炊飯装置」実用新案　電極対向立置型	
昭和 9 年 12 月	「電気炊飯箱」実用新案　電極底面設置型	
昭和 10 年 5 月	「炊事車」特許 「炊飯器を兼ねたる飯櫃」実用新案　電極対向立置型	
昭和 12 年 5 月	九七式炊事自動車 完成	

き器の発明者は阿久津であるとしてよいだろう。

さらに、阿久津と日高のどちらが発明者なのかを安易に決めることができない理由として、特許・実用新案の出願日の他にも複雑な事情がある。

厚生式電気炊飯器の説明書に「昭和九年頃から陸軍に於いて飯水の中に直接電流を通じて熱を発生させ、飯炊をする事に就いて研究し、表記の特許が成立しました。然し陸軍で使用するものは兵器としての応用に主眼があって、其儘では家庭用にならないことは勿論ですが、玆に財団法人国民栄養協会の研究に依って家庭用電気炊飯器の完成を見た次第で有ります」と記されていたり、『食生活』1946（昭和 21）年 8 月号に「かつて元陸軍糧秣本廠が持っていた特許の使用権を当協会が譲り受けて作った」[1] と書かれていることから、国民栄養協会は、陸軍で開発された電極式調理の特許を応用して家庭用の厚生式電気炊飯器をつくったとしていることがわかる。また、後年阿久津は国民栄養協会の厚生式電気炊飯器について「私が、個人として、実用新案をとったものである。権利について、陸軍糧秣本廠を問い合わせたら、川島四郎博士が『阿久津君（在独駐在員）はどうせ帰ってこないだろうから、使ってもよろしい』」という返事をもらったので、売り出しました。申し訳ないことをしました、といって、協会から権利金を払って下さいました」[2]と語っていることから、阿久津も厚生式電気炊飯器が陸軍で阿久津が開発した技術を応用してつくられたと認識していることがわかる。

しかし、厚生式電気炊飯器の電極は、阿久津が陸軍で実用化した電極対向立置型ではなく底面設置型で、その形状は日高が「電気に依る飯炊法（特許116015号）」に示した図とまったく同じである。阿久津も電極底面設置型の「電気炊飯箱（実用新案5849号）」を個人で出願しているが、この「電気炊飯箱」は箱型の容器の底面に畝状の電極を短冊状に並べたものであり、円柱状の容器（おひつ）の底面に同心円状の電極を設置した厚生式電気炊飯器とは形状がまったく異なる。つまり、厚生式電気炊飯器は、陸軍で阿久津が開発したものではなく、日高の実用新案・特許を応用してつくられたものであるといえる。

阿久津が後年「この研究には、海軍も興味をもち、やがて完成するに及んで、潜水艦用の炊飯装置として整備するにいたった」[2]と語っていること、また、現存する2つの厚生式電気炊飯器がいずれも海軍火薬廠の倉庫から発見されていることから、日高周蔵が海軍関係者で潜水艦用の電極式炊飯器を開発していた可能性もあるが、海軍関連の資料には日高周蔵の名前や電極式炊飯器は見あたらない。また、日高の特許の特許権者は、1927（昭和2）年まで鉄道省電気局の局長で、その後学士会帝国鉄道協会電気学会電気協会電気クラブ照明学会会員となった井上昱太郎であることから、日高が海軍の関係者であることは考えにくい。

陸軍の外郭団体の糧友会が発行する雑誌『糧友』1936（昭和11）年5月号には「団体炊事機械の上手な運用方法」[3]について阿久津の解説が掲載されている。また『糧友』1937（昭和12）年3月号には、陸軍糧秣本廠研究員の阿久津正蔵、川島四郎を中心に11名で行われた軍隊炊事研究会の様子が座談会形式の記録として掲載されている[4]。しかし、これらの記事が掲載された頃には電極式の炊飯技術は完成していたと考えられるものの、いずれの記事にも電極式の炊飯について触れられていない。陸軍炊事自動車が高度な軍事秘密であったと考えられ、日高、阿久津、陸軍、海軍、国民栄養協会の関係性および厚生式電気炊飯器が日高の特許でつくられた理由や、陸軍の技術を応用したと語られている理由について、今後も継続して調査を行う必要がある。

注および参考文献

1） 財団法人国民栄養協会『食生活』450 号、1946、p.47.
2） 阿久津正蔵「電極式電流炊飯とパン焼きの発明」『食品と科学』食品と科学社、30 巻 5 号、1988、pp.112-113.
3） 食糧協会『糧友』11 巻 5 号、1936、pp.72-76.
4） 食糧協会『糧友』12 巻 3 号、1935、pp.42-46.

第5章 終戦後の電極式パン焼き器による電気パン

電極式のパン焼き器は、終戦直後の食糧不足のときに、アメリカ軍が備蓄していた軍用食糧から放出された小麦粉や、GHQやララ物資（LARA：Licensed Agencies for Relief in Asia）などから援助され配給された小麦粉の調理器具の1つとして普及した。小麦粉の調理方法は、生地を鍋でゆでるうどんやすいとん、水で溶いた小麦粉をフライパンなどで焼くスポンジケーキやホットケーキが一般的である。しかし、戦時中に鉄製の鍋やフライパンを供出したために持っていなかった家庭も多く、廃材で電極式のパン焼き器を自作できたことも、普及原因の1つとして挙げられる[1)]。

また、終戦直後は国土荒廃によって薪炭が不足し、ガスもまだ復旧していない状況であったが、軍需工場が閉鎖したことにともなって、電力が一時的に余っていたことも、電極式パン焼き器の普及に影響している。

1. 製品化された電極式パン焼き器

家庭用の電極式炊飯器を開発した国民栄養協会は、厚生式電気炊飯器の販売を1946（昭和21）年5月頃にはじめている。その3か月後に発行された国民栄養協会の雑誌『食生活』8月号には「パンの焼き方・蒸し方」が2頁にわたって解説され、その中には電極式パン焼き器について「市販品の中には極めて粗悪品もあるので本協会に於いては一つ標準型を出そうというのでメーカーとの協力研究中ですから本号が読者の手に渡るころには廉価でしかも安全で電力消費量の少ない良品が世の中に出ていると思います」[2)]と書かれ、「電極式製パン器（新発売）」の広告も掲載されている。つまり、終戦から約1年後の1946（昭和21）年夏には、国民栄養協会から厚生型電極式製パン器が販売されてい

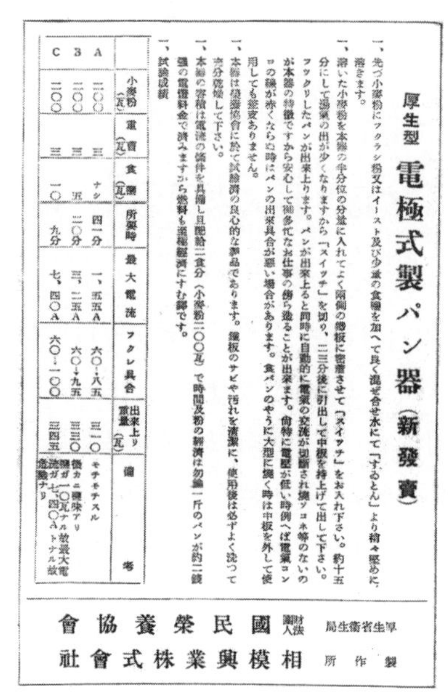

図 5-1　電極式製パン器の広告
（『食生活』451 号掲載）

たこと、そして、それ以前から粗悪品も含まれるが市販の電極式パン焼き器が一般家庭に普及していたことがわかる。

『食生活』9 月号の本部だよりには「待望の「電極式製パン器」がようやくできました」[3] とあり、電極式調理の開発者でパンの専門家である阿久津正蔵（国民栄養協会嘱託）による「パンの科学」が 4 頁にわたって掲載され「電流製パン」についても触れられている[4]。この 9 月号から 11・12 月合併号にわたって厚生型電極式製パン器の広告が一面に大きく掲載され粗悪品に対する標準型としての斡旋販売が展開されている（図 5-1）。しかし、発売開始から約半年後の『食生活』1947（昭和 22）年 1 月号以降は、薪炭不足が解消しガスが復旧したため、また、電極式パン焼き器が容易に製作できて一定程度普及したためか、広告が掲載されなくなる。

この時期に、国民栄養協会以外に電極式パン焼き器を製造していた事例として、富士産業半田製作所（戦前は中島飛行機半田製作所）元従業員の記録があり、その著書『続路地裏』の中で、1946（昭和 21）年の夏に「急に電極式パン焼き器の注文が増えて、家具工場が忙しくなった」[5] と述懐している。この他にも、製造過程や特注品等のエピソードを以下のように語っており、電極式パン焼き器の製造時の雰囲気をうかがい知ることができる。

家具工場では、毎日、大量に「電気パン焼き器」の箱を作って出した。作業は四人の分担制で、私は四枚の側板を作り、山崎が底板とその下につける二本の浅木を作った。竹内芳吉君はちょっと手際のいる蓋を作った。最後に宮崎さんがそれらをまとめてきっちりと箱に作り上げた。こうして次つぎと出来上がっていった木製の箱は、本工場内の板金工場でもって極板と電気のコードが取りつけられ、「電気パン焼き器」は完成品となって出荷されていった[5]。

ある日宮崎さんは、東京本社の社長に献上する「電気パン焼き器」の製造を依頼された。宮崎さんは、真っ白な、柾目の美しく通った檜の板で精巧に箱を作り上げると、その外側全面に唐草模様をびっしりと彫り上げた。それは、眺めてため息の出るような見事な細工だった[5]。

誰もが納入品以外に独自で「電気パン焼き器」を作って家へ持って帰った[5]。

また、製造・販売の時期はわからないが、シャープ株式会社を創業した早川徳次は、戦後、生活必需品で困っているものを作り販売する中で「電気パン焼き器は何万台も売れ、急場をしのぐヒット商品」[6]になったことを、また、三菱電機名誉会長だった進藤貞和も「なべやかまと共にこのパン製造箱を作った」[7]と語っている。他にも、テレビプロデューサーで演出家の鴨下信一が、映画などで戦後の闇市を再現するために用意する小道具に「長方形の板の箱の両端に金属板電極を貼ったパン焼き器」[8]を挙げており、これも、戦後の闇市で電極式パン焼き器が売られていたこと裏付ける資料としてよいだろう。

2. 自作された電極式パン焼き器

電極式パン焼き器は製造・販売されていただけでなく、各家庭で自作もされていた。国民栄養協会が、1946（昭和21）年の夏に電極式パン焼き器を発売したのと同じ年の5月には『主婦の友』に「電極式パン焼き器の作り方」[9]、7月には『主婦と生活』に「標準型電極式パン焼き器の作り方」[10]、10月には『働く婦人』に「電気パン焼き器 研究と作り方」[11]が、いずれも女性誌に掲載されている。

長方形の木製の箱と金属極板2枚と電線があれば比較的簡単につくれたため、各家庭で電極式パン焼き器が自作されて広く普及しており、終戦直後の回顧録の中には以下のように電極式パン焼き器の自作について述懐されているものも見られる。

> 電気パンも、ずい分と食べたっけ。木箱の端の一方にプラス、もう一方にマイナスの電極をつけるとパン焼き器になると、口コミで伝えられ早速作った[12]。

> 生活の工夫の一つが、手作りのパン焼き箱であった。空き缶を広げた極板を2枚作り、木箱に入れる。その中に小麦粉を練ったパン生地を入れ、コンセントにつなぐと、電気による熱でふっくらとしたパンが焼き上がった[13]。

国民栄養協会は、このように電気パンが一般に広く普及していた状況下で、標準型として厚生型電極式製パン器を製造し販売していたのであるが、器具の開発の他にも、多くの家庭が安価で電気パンをつくれるように、高値の重曹やふくらし粉を購入しなくても済むための工夫も行っていた。『食生活』9月号の本部だよりには「高い闇値で重曹やふくらし粉を求め、財布の底をたたいているところを見ると、一日も早く秀れたイーストを広く提供したい」ので「目下新イースト研究に苦心中」[3]と、発酵効率のよいイーストの研究をすすめていたことが書かれている。しかし、以降の『食生活』にはイースト提供に関する記事が掲載されていないことから実現しなかったと考えられる。

電極式パン焼き器が戦後の早い時期に広く一般家庭に普及していたことは、教育関連図書の記載からもわかる。1946（昭和21）年10月発刊の『少年工作』創刊号には「家庭用電気パン焼き器の設計」[14]が掲載され、ヒューズの飛ぶ理由と、ヒューズの飛ばない電気パン焼き器の設計方法が3頁にわたって解説されている。1947（昭和22）年9月出版の『科学自由研究文庫理化 科学』では、電極式パン焼き器を製作して性能等の比較検討を行うだけでなく、食塩水の電気伝導性や電解質についての学習がすすめられている[15]。実際に研究した中学生の研究成果も『科学と教育』で発表されている[16]。また、実際に小学校の授業で製作した記録も残っ

図5-2　手製電気パン焼器でパンをつくる子供
（1946年撮影：毎日新聞社提供）

ており、小学校5年生の夏休みの宿題の絵日記をまとめた書籍『昭和二十一年八月の絵日記』[17] の1946（昭和21）年8月2日の日記に小学校で電気パン焼き器をつくり家でパンを作って食べたことが記録されている。つまり、終戦から1年後の1946（昭和21）年8月には、電極式パン焼き器が食糧不足時の調理器具としてだけではなく、理科の学習教材として活用されているのである。

一般家庭に広く普及した電気パンであるが、終戦から2年後の1947（昭和22）年9月出版の『科学自由研究文庫理化 科学』には、以下の通り電気パンの普及が過去のことで、すでにブームが去ったように書かれていることから、電極式パン焼き器が普及していたのは、終戦後のごく短期間であったことがうかがえる。

> たべものが不足して、お米にばかりたよっていられなくなった私達の家では、アメリカ合衆国の好意によって小麦や小麦粉（メリケン粉）がたくさんゆにゅうされて、一時はすっかりパン食になりましたね。そして、パンを作るいろいろなどうぐが工夫されて使われだしたのは、皆さんもよく知っていることと思います[15]

一般家庭への普及は早かったものの使用されていたのが終戦直後の短期間だけであったことは、1997年のラジオ放送で電極式パン焼き器について触れた永六輔が、放送終了後の反響が大きく多くの問い合わせ等があったことを報告した毎日新聞の記事の中で「昭和も二十五年、つまり朝鮮戦争の頃には姿を消す」[18] と書いていることや、和光大学名誉教授の岩城正夫が終戦直後に活躍した自作の生活道具について語る中で、1948（昭和23）年頃には「私の身辺では電気パン焼き器のことは話題にもならなくなっていました」[19] と語っていることからもわかる。

注および参考文献

1）終戦後の闇市などでは、戦闘機の機体などに使われていたジュラルミンを使用したフライパン代用の「パン焼き器」がつくられ販売されていた。

NHKスペシャル戦後70年ニッポンの肖像　http://www.nhk.or.jp/po/sorenani/2362.html
2) 石原妙子「パンの焼き方・蒸し方」『食生活』財団法人国民栄養協会、450号、1946、pp.20-21.
3) 財団法人国民栄養協会『食生活』451号、1946、p.46.
4) 阿久津正蔵「パンの科学」『食生活』451号、財団法人国民栄養協会、1946、pp.14-17.
5) 細山喬司『続路地裏』麦同人社、2005、pp.98-99.
6) 平野隆彰『シャープを創った男　早川徳治伝』日系BP社、2004、pp.234-235.
7) 日本経済新聞「私の履歴書」で進藤貞和三菱電機名誉会長が語ったことが以下に文献に記されている。
パン産業の歩み刊行会編『パン産業の歩み』毎日新聞社、1987、p.25.
8) 鴨下信一『誰も「戦後」を覚えていない』文藝春秋、2005、p.61.
9) 河口武豊「電極式パン焼き器の作り方」『主婦の友』主婦の友社、5月号、1946、p.37.
10) 関口守次「標準型電極式パン焼き器の作り方」『主婦と生活』主婦と生活社、1巻3号、1946、pp.105.
11) 長安保「電気パン焼き器 研究と作り方」『働く婦人』日本民主主義文化連盟、4号、1946、pp.58-59.
12)「『代用』でないパンに幸せ（ひととき）」1989年8月30日朝日新聞.
13)「パン焼き箱を工夫し作った」2005年10月5日朝日新聞.
14) 小林喜通「家庭用電気パン焼き器の設計」『少年工作』創刊号、科学教材社、1946、pp.14-16.
15) 京都師範学校男子部附属小学校科学教育研究部 代表大槻隆一『科学自由研究文庫 理化』高桐書院、1947、p.7-14.
16) 小林秀年「電気パン焼き器の実験」『科学と教育』科学と教育刊行会、3巻、1948、pp.83-87.
17) 山中和子『昭和二十一年八月の絵日記』トランスビュー、2001、p.13.
18) 永六輔「食糧難時代の『電気パン焼き器』」1997年1月25日毎日新聞、23面.
この放送で電気パンの反響が大きかったため、翌週のラジオ放送で電気パンの実演が行われており、第Ⅱ部の教育編で取り上げる成城学園初等学校がその実演を担当している。
永六輔「東京・新橋駅間の山手線ガード下」1997年2月1日毎日新聞、23面.
19) 岩城正夫「懐かしの電気パン焼き器 ― 実演と試食 ―」
http://www013.upp.so-net.ne.jp/tukutte-shaberu/010index.html

第6章 電極式の炊飯器とパン焼き器の普及度

1. 電極式の炊飯器とパン焼き器の一般家庭への普及度の比較

前章では、終戦直後には電極式パン焼き器が製造・販売され、さらに自作もされていたこと、また、電極式パン焼き器は一般家庭に広く普及していたが、使用されていたのは終戦直後からの短期間であったことをまとめ報告した。本節では電極式の炊飯器とパン焼き器がそれぞれどの程度普及していたのかについて、現存する器具や文献等から調査を行う。

(1) 現存する電極式の炊飯器とパン焼き器

現存する電極式の炊飯器・パン焼き器について調査を行った結果は以下のとおりである。

終戦後に使用されていた電極式炊飯器の中で現在残っているものは、厚生式電気炊飯器2個（三好氏所蔵，平塚）、タカラオハチ7個（大阪、埼玉、愛媛吉田ふれあい国安の郷、愛媛歴史文化博物館（2個）、調布，東村山）、タカラオハチと類似の電極式炊飯器1個（平塚）の計10個で、販売されていないがソニー株式会社の試作品も残っている[1]。一方、電極式パン焼き器は、東京都千代田区九段の昭和館、東京電力電気の史料館（2011年3月以降閉鎖）、岐阜県明宝歴史民俗資料館、北海道博物館、埼玉県飯能市立博物館、埼玉県平和資料館、神奈川県平塚市博物館、奈良県立民俗博物館、岡山シティミュージアム岡山空襲展示室などに当時使用されていたものが残っている。それぞれ現存する物が少ないのは、流用できるような他の使い道がなかったこと、木製容器に金属板と電気コードが付属しているだけの簡単な構造で保存価値が低いと判断されたこと、腐食しやすいことなどの理由から、その多くが各家庭で廃棄されてしまったのではないかと考えられる。

(2) 電極式の炊飯器とパン焼き器に関連する博物館等の企画・催し物

博物館や郷土資料館等では、所蔵物の保管・展示だけでなく、地域で使用されていた民具や道具を展示したり、当時の暮らしを再現したりする企画や催し物を行うことがある。そこで、博物館や郷土資料館等で電極式の炊飯器とパン焼き器に関連する企画や催し物について調査を行った。すべての博物館等で個別に調査するのは困難であるため、インターネット上に掲載されている企画・催し物についての調査で傾向をつかむことができると判断し分析を行った。表6-1に、電極式の炊飯器とパン焼き器に関連する博物館等での企画・展示をまとめたものを示す。

博物館や郷土資料館等での電極式炊飯器に関する企画・催し物は、リビングデザインセンターOZONEで行われた昔と現在の住まいを比較する「家事展」で、終戦直後の家電製品として電極式炊飯器タカラオハチが展示されているも

表6-1　電極式の炊飯器とパン焼き器に関連する博物館等の企画・催し物

電極式炊飯器	・「日本人とすまい／第7回企画展『家事展／KAJI』家事って、なんだろう？」(2002) リビングデザインセンターOZONEでタカラオハチが展示された[2)]。 ・昭和の炊飯体験「ごはんのたき方の歴史としくみを知ろう」(2019) 調布市郷土博物館 ※内田隆・青木孝が本研究と関連して運営・企画に携わっている。
電極式パン焼き器	・「戦後の蒸しパン再現」(1991) 品川歴史館 ・「昔の生活の体験学習」(2001) 北海道開拓記念館（現在北海道博物館） ・「科学実験！電極式パン焼き器で戦時中のパンを焼いてみよう」(2017～現在) 昭和くらしの博物館 ・「科学の目で解き明かす！　戦後の自家製パン 電極式パン実験」(2018) 国指定重要文化財熊谷家住宅 ・「パンと昭和」(2019) 宇和民具館 ・「作ってみよう調べてみよう 戦時中のたべものと道具」(2019) 奈良県立民俗博物館 ※「東京理科大学川村研究室　電気パンを作ろう」(2017) 東芝未来科学館のように、科学教室としての電気パン実験は多数ある。

のと、調布市立郷土博物館企画「お米にまつわる調布ものがたり」で、タカラオハチの紹介と電極式炊飯器を使用した炊飯体験が行われたものの2件であった。ただし、調布の企画は筆者が関わっており、筆者が本研究で関わらなければ、電極式炊飯器に関連する企画は1件だけであった。

一方、電極式パン焼き器に関連する企画・催し物は6件あった。うち、昭和くらしの博物館、国指定重要文化財熊谷家住宅、宇和民具館の3件の企画は著者の一人である神奈川大学青木氏が関わっているものであるため、こちらも実質の件数は少ないが、炊飯器に比べ、パン焼き器に関連する企画・催し物の方が多いといえよう。なお、表6-1で取り上げた電極式パン焼き器は、戦後のくらしと電気パンに関連する企画・催し物であり、科学館や公民館等で多く実施されている科学・工作教室における電気パン実験は含めていない。

(3) 現在語られている電極式炊飯器とパン焼き器に関する記録

終戦当時に、電極式の炊飯器とパン焼き器がどの程度普及し使用されていたのか、その実状を知る手掛かりを得るために、実際に使用した人が当時の体験を現代になって語っている経験談等の記録について一般書籍や新聞等の調査を行った。一般書籍は、国立国会図書館、昭和館図書室、防衛省防衛研究所資料室、国立公文書館アジア歴史資料センターの検索システムを、新聞は、朝日新聞、毎日新聞、読売新聞の全国紙3社の記事の索引・検索システムを利用して、電極式炊飯器および電極式パン焼き器に関連する記載について網羅的に調査を行った。電極式炊飯器および電極式パン焼き器に関する記録のすべてを抽出することは困難であるが、電極炊飯器や電極式パン焼き器の使用状況や普及度等についての傾向等は推察できると判断した。一般書籍および新聞等を調査した結果、電極式パン焼き器に関する記録や体験談は多く見られたものの、電極式炊飯器に関するものは管見の限り見られなかった。表6-2に、電極式パン焼き器に関して触れられている近年の書籍や新聞への投書等をまとめたものを示す。

新聞の投書には、前章で触れた電極式パン焼き器を自作した思い出以外にも「そこに角切りのサツマイモと水に溶いた小麦粉を流し込んだ」[3] といったパ

表6-2　電気パンに関する記述がある書籍・新聞投書・新聞記事等

書籍	『どくとるマンボウ小辞典』中央公論社、北杜夫（1963） 『たえがたき･を･たえ 母娘の戦争生活記録』PMC 出版、I の会編（1982） 『パンと麺と日本人』集英社、大塚茂（1997） 『昭和二十一年八月の絵日記』トランスビュー、山中和子（2001） 『続路地裏』麦同人社、細山喬司（2005） 『誰も「戦後」を覚えていない』文藝春秋、鴨下信一（2005） 『終わりから二番目の旅』ウェルテ、山田雅子（2007） 『戦中戦後 少女の日記 家庭や学校に昭和のよさがあった頃』中央公論事業出版、品川洋子（2008） 『私の昭和史 平和から戦争へ・そして敗戦』昭和館保管自筆資料、横山穰二（2016） 『パンと昭和』河出書房新社、小泉和子編（2017） 『北区における戦中・戦後の暮らしの変遷　文化財研究紀要別冊第二十六集』東京都北区教育委員会編（2017）
新聞への投書	「『代用』でないパンに幸せ（ひととき）」1989 年 8 月 30 日朝日新聞 「パン焼き箱を工夫し作った」2005 年 10 月 5 日朝日新聞 「パン焼き器に飽食の今懸念」2006 年 5 月 11 日朝日新聞 「女の気持ち：電気パンとコーリャン」2014 年 7 月 26 日毎日新聞
新聞記事	「戦後 60 年正しい戦争ってないんだよ、祖父母らが重い口開いた」2005 年 8 月 13 日毎日新聞

ン増量のための工夫や、「あのころはどこの家庭にも電気パン焼き器があって食べました。なつかしい味ですけど、戦後の苦しかった生活は二度としたくない」[4]といった体験談があった。使用されていたのは戦後の短期間であったが、食糧不足の中で食べたことで強く印象に残っているためか、また、広く使用されていたので経験した人の数が多いためか、書籍や新聞等に電極式のパン焼き器や電気パンについての記録が多く残っていた。

終戦直後の食事情を振り返って書かれた一般書籍や新聞投書、また、博物館等での企画・催し物は、電極式パン焼き器の方が炊飯器に関するものよりも圧倒的に多く、炊飯は見当たらなかった。

(4) 終戦直後の書籍に記載されている電極式の炊飯器とパン焼き器

(1)(2)(3)では、電極式の炊飯器とパン焼き器が、現代にどれだけ残っていて記憶・記録されているのか調査を行った。本項では、実際に使用されていた昭和20年代には、電極式の炊飯器とパン焼き器が書籍等にどのように記載されていたのか、国立国会図書館の検索システムを利用して調査を行った。表6-3に昭和20年代に出版された書籍の記事をまとめたものを示す。

表6-3　昭和20年代に出版された雑誌・書籍中の電極式調理に関する記述

雑誌、書籍名	炊飯の記事	パンの記事
『栄養と料理』2巻3号、女子栄養大学出版部、pp.32-33、河口武豊（1946）		電極式製パン器
『主婦の友』5月号、主婦の友社、p.37、河口武豊（1946）		手軽にできる電極式パン焼き器の作り方
『主婦と生活』1巻3号、主婦と生活社、p.105、関口守次（1946）		標準型電気パン焼き器の作り方
『働く婦人』4号、日本民主主義文化連盟、pp.58-59、長安保（1946）		わが家の技師 電気パン焼き器 研究と作り方
『少年工作』創刊号、科学教材社、pp.14-16、小林喜通（1946）		家庭用電気パン焼き器の設計
『燃料と電気と台所用品 工夫と使い方』、主婦の友社、pp.61-68、守屋磐村編（1947）	電極式炊飯器の作り方と使い方	電極式パン焼き器の作り方と使い方
『電熱器の設計及製作法』電気日本、pp.79-84、赤見昌一（1947）	電極式炊飯器	電極式蒸しパン器
『家庭の電化』彰考書院、pp.45-54、関重弘（1947）	飯炊き	パン焼き
『家庭文化食料の化学』愛育社、pp.32-37、石川清一（1947）		電気パン焼き
『家庭科学』家庭科学研究所、pp.36-40、沼畑金四郎（1947）		電極式製パンに就いて
『家庭用電気器具』資料社、pp.70-79、眞野國夫（1947）	電極式電気炊飯器	
『科学自由研究文庫 理化』高桐書院、pp.7-14、京都師範学校男子部附属小学校科学教育研究部（1947）	ごはんたき	電気パン焼き器
『家庭で学ぶ電気学』長谷川書店、pp.59-72、中村幸雄（1947）[5)]		電気パン蒸し器はどう働くか 電気パン蒸し器の作り方使い方
『初等電気学』府中書院、pp.35-37、早尾卓・田中正士（1948）		電流の熱作用－電気パン焼き器

『科学と教育』第3巻、科学と教育刊行会、pp.83-87、小林秀年（1948）		電気パン焼き器についての実験
『小学家庭科の学習指導』明治図書出版社、pp.175-177、東京女子高等師範学校教諭二見美喜・阿部廣司（1949）		電気パンやき器
『発明工夫の教室』長谷川書店、pp.187-189、三石巌・下酉正博（1952）		自動式電気パン焼器

表6-3で挙げた、昭和20年代に出版された雑誌・書籍の中で、炊飯のみ記述があるものが1件、電気パンのみ記述があるものが12件、炊飯と電気パンの両方の記述があるものが4件で、こちらも、電気パンに関する記述の方が多かった。

本節における、現代の新聞や書籍中の戦時中の体験談、博物館等における企画・催し物、また、昭和20年代の書籍・雑誌の記事における電極式炊飯器およびパン焼き器の出現頻度の調査結果をそのまま普及度の指標とするのは難しい。しかし、いずれにおいても、パン焼き器の方が炊飯器よりも多く出現していることから、電極式パン焼き器の方が普及度が高く、また印象に残っていると言ってよいだろう。

2. 電極式のパン焼き器が炊飯器よりも一般家庭に普及した理由

(1) 電極式炊飯器はパン焼き器に比べて自作が難しいため

表6-3で示した書籍の多くは、家庭用調理器具の工夫や製作について、すぐに役立つように書かれた実用書であり、子どもや主婦向けの書籍もある。各書籍では電極式パン焼き器について、一般家庭でも入手しやすい廃材などを利用して木製の箱をつくり、木箱の内側両脇にブリキや鉄板等の金属極板を2枚取り付けて電線をつなぐだけで、比較的簡単に製作できることが実例を挙げて解説されている。一方、炊飯器は、実際に自作するのは難しいと思われるガラス製の容器の底に電極を設置する製作方法が示されているものもあり[6]、炊飯器とパン焼き器では自作の容易さの面で差があった。

また、自作にあたって参考になる市販の電極式炊飯器である厚生式電気炊飯器やタカラオハチは形状が円柱状のおひつ型で、箱型のパン焼き器に比べると木材の加工が難しい。また、電極板の形状が厚生式電気炊飯器は同心円状、タカラオハチは櫛形でともに複雑であり、板状のパン焼き器に比べて金属加工が難しい。したがって、電極式の炊飯器は自作するのが困難であるため、各家庭でほとんど作られなかったと考えられる。

陸軍炊事自動車搭載の電極式炊飯器は、パン焼き器と同じで、箱型容器に板状の電極を向かい合わせに立て置きに設置した構造なので、実際には電極式炊飯器もパン焼き器と同様の容器・形状の簡単な構造で製作することができる。しかし、いずれにしても電極板間の距離、電極板の枚数、添加する塩分の量など、炊飯は電気パンに比べて調整が難しいため、ソニー株式会社の前身の東京通信工業が試作に失敗したように、一般家庭で自作するのは困難だったのであろう。

(2) 電極式炊飯器はパン焼き器に比べ耐久性が低い

電極式炊飯器の電極は、炊飯時には長時間電気が流れ（厚生式電気炊飯器では45分）酸化や溶出等による腐食が進みやすい。また、おひつの中にご飯が残っている間、長く水分にさらされるため、電極板に使用されている鉄などはさびやすく腐食が早かったと考えられる。さらに、木製のおひつの底に電極を設置するために下部に電線を通す穴が開いていることから、炊飯時に水漏れ等が起こりやすく、電極式炊飯器は耐久性が低く長期間にわたっての使用は困難であったと考えられる。

一方で、電極式パン焼き器は、電極が対向立置型で電線を上から通すことが多いため、炊飯器に比べると水漏れを気にする必要はない。また、パンを作る時間は炊飯に比べて短く水にさらされる時間が少ないので、電極は炊飯器に比べると腐食しにくい。したがって、パン焼き器は炊飯器よりも耐久性が高く長く使用することが可能だったと考えられる。

⑶ 電気炊飯器のごはんがかまどで炊いたごはんよりも味がおとるため

電極式炊飯器は底の電極付近から加熱され温度が上昇するが、水の沸点以上には温度が上昇しないので、いわゆるお焦げができない。そのため、電極式炊飯器で炊いたご飯にはおこげの香ばしい匂いや独特の風味がない。また、沸騰時に水蒸気が電極周辺部を覆うので通電しにくくなって電流が安定しないため、高温を維持することができず、お釜で炊いたごはんに比べて味が劣る。したがって、かまどで炊いたご飯の方が好まれ、薪炭やガスが復旧すれば、電極式炊飯器は廃れてしまいあまり普及しなかったのではないかと考えられる。

一方、電極式パン焼き器は、配給された小麦粉だけでなくトウモロコシ粉なども使用できるうえにイモや野菜等を入れて調理することも可能である。また、フライパン等の鉄製調理器具を供出してしまっていた家庭も多く、電極式パン焼き器が便利で応用可能であることから多用されたと考えられる。

⑷ ご飯を炊くことができて一人前の女性という昭和の価値観

炊事自動車を開発した阿久津の上官で栄養学や炊飯の専門家である川島四郎が、著書の『続まちがい栄養学』の「日本の主婦よ、本当にうまいご飯を炊きなさい」の章で「昔は祖母から母へ、母から娘へ伝えられ、本当にうまいご飯をたいて食べていた」「『唄を忘れたカナリヤは…』という歌のように、日本の女性は今や、本当にうまいご飯の炊き方を忘れてしまっている」「うまいご飯を炊くことこそ、日本の主婦の務めである」[7]と語っているように、電気炊飯器の普及によってかまどでご飯を炊くことができなくなった女性を嘆いている。これは川島の個人的な意見ではなく、この時代を代表する雰囲気であるといえよう。

ご飯を炊くのは各家庭の女性の仕事で、かまどの火加減を調整しながらおいしいごはんを炊くことができて一人前であり、手間を惜しまず、電極式炊飯器でご飯を炊くことが美徳とされない昭和の文化的な面も、昭和20年代に電極式炊飯器が普及しなかった理由であると考えられる。

(5) 電極式パン焼き器は一般書籍で戦前から紹介されていたため

電極式調理を開発した阿久津は電極式の炊飯については軍事機密のためか、戦前にその技術について公開していない。しかし、電極式のパン焼き器については、1943（昭和18）年出版の書籍『パン科学』で詳細にまとめて報告している。したがって、専門家の間では電極式パン焼き器が戦前から知られており、普及に一役買っていると考えられる。東京の昭和のくらし博物館の小泉和子館長が、戦前に父親が自作した電極式のパン焼き器でパンを作っていた経験を語っていることからも、戦前から知られていたことがうかがえる[8]。

注および参考文献

1）それぞれの保管場所等の詳細は第3章を参照されたい。
2）住友和子編集室・鈴木eワークス編『KAJI日本人とすまい⑦家事』リビングデザインセンター、2002.
3）「女の気持ち：電気パンとコーリャン」2014年7月26日毎日新聞.
4）「戦後の蒸しパン再現 品川歴史館 東京」1991年11月10日朝日新聞.
5）1948年出版の『家庭で学ぶ電気学』長谷川書店、1950年出版の『楽しい電気学』長谷川書店も、記載内容は同じである。
6）守屋磐村編『燃料と電気と台所用品 工夫と使い方』主婦の友社、1947、pp.61-68.
7）川島四郎『続まちがい栄養学』新潮文庫、1989、pp.134-137.
8）著者の青木孝が、東京の昭和のくらし博物館の小泉和子館長から直接聞いた話である。

第7章

電極式パン焼き器での事故

電極式パン焼き器は広く使用されたためか、事故も報告されている。例えばヒューズが飛ぶ事故で、1946（昭和21）年10月創刊の雑誌『少年工作』には、家庭で使われ始めた電極式パン焼き器のヒューズがとぶ事故が多いことから、ヒューズが飛ぶ理由の解説と家庭用パン焼き器の設計について3頁にわたって解説されている[1)]。

また、電極板から溶出した亜鉛による中毒事故も起こっている。1946（昭和21）年6月19日には「電極応用パン焼器で代用パンをつくり夕食としたところ」「亜鉛引きトタンを用いたパン焼箱の電極面が電熱でパンに溶け込んだ」[2)]ことが原因で26名が中毒を起こした事故が発生している。7月2日にも議会の傍聴人食堂で同様の事故が起きており、こちらの原因は使用した材料の腐敗と電気パン焼き器の亜鉛板の電気分解による溶出だと報じられている[2)]。このような中毒事故が頻発しているため、衛生検査所技官が「トタン板製のものは紙やすりで表面の亜鉛を取り去ってから使ってもらいたい」[2)]と読売新聞で注意喚起している[3)]。

これら中毒については広く問題意識が共有されていたようで、『家庭で学ぶ電気学』では「一時新聞社にはこの板がもとの中毒事件がやかましかったことがありました」[4)]としたうえで、安全のために電極板への鉄板もしくは、銀メッキの鉄板の使用が推奨されている。

1947（昭和22）年には、専門家による分析も行われており、鉄・ブリキ・トタンの電極板ともに人体への影響はきわめて少ないとし、硫酸紙を隔膜として用いればなおよいと結論づけている[5)]。

この後、電極式のパン焼き器は一般家庭から姿を消すため、電極板の溶出による中毒事故等は起こらなくなるが、この電極の溶出はパン粉用のパンの製造においても長年にわたる課題となる。この課題解決に向けたパン粉業界での取り組みの経緯等の詳細は第8章で触れる。また、理科授業における電気パンの実験でも、電極溶出による食の安全性の問題は指摘されており、改善のための工夫と現状について第Ⅱ部で触れる。

注および参考文献

1）小林喜通「家庭用電気パン焼き器の設計」『少年工作』創刊号、科学教材社、1946、pp.14-16.

2）「電極応用パン焼き器ご注意を」1946年7月3日読売新聞

3）「パン焼器にご注意　電極板に鉄が安全」1946年7月4日朝日新聞に、2）読売新聞と同様の記事がある。

4）中村幸雄『家庭で学ぶ電気学』長谷川書店、1947、pp.59-72.

5）林右市・清田両亮夫・能美幸子「金属電極式製パン器の電極金属析出防止に関する研究」『発酵工学雑誌』大阪醸造学会、25巻1-3号、1947、pp.30-35.

第8章

現代の電極式調理パン粉製造

1. パン粉製造の歴史

戦後、電気パンが一般家庭に広く流行したものの、昭和20年代中頃にもなると薪炭等の燃料事情が回復したのか、次第に行われなくなり、家庭から通電加熱による電極式の炊飯器やパン焼き器は姿を消す。しかし、電極式の製パン技術は、戦後パン粉製造に応用されていく。

明治から大正にかけて、西洋料理を日本人の味覚に合わせて改良したコロッケ、カツレツ、カレーライス、チキンライス、オムライスなどが生み出された。初期のコロッケやカツレツは、衣として外国製のビスケットや乾パンを粉末にしたようなものをまぶし、ラードで揚げたものであった。その後、日本でも、調理人がパン屋で購入した食パンをほぐし、金網に通して粒子を整えたパン粉がつくられるようになった。

1907（明治40）年に、当時パン屋を営んでいた丸山寅吉が、パン粉製造用の食パン粉砕機を発案しパン粉屋が誕生する。食パン粉砕機は、丸胴の内側から表に向けて釘を打ち、その上から釘を抑えるための板をはり、丸胴の外側を丸胴に合わせてパンが入るほどの間をもうけて全体を板で囲んだ機械である。この食パン粉砕機は手回しでパンを粉砕する機械であったが、後には電力による機械化にも成功する。丸山は、1909（明治42）年の東京勧業博覧会でトンカツ、フライ、コロッケなどを揚げて無料の試食会を設けたり、その場で作り方を教えてパン粉を無料で提供するなど、家庭での利用を積極的に奨励し、需要増加に尽力している。

大正時代になると、食の西洋化にともない、多くのパン粉製造業者が誕生し、パン粉業界は好況な時期を迎える。丸山は、新しいパン粉業者が開業したことを知ると、決してライバルとは捉えず、自らその工場に出向きパン粉のつくり方から正常販売価格のつけ方や販売方法まで指導してまわっている。

昭和初期には開業者が増加し市場が混戦状態となり、粗悪品による安売り競争が激化したうえに、1929（昭和4）年には、世界的経済恐慌となって不況が深刻化したため、1931（昭和6）年に日本最初のパン粉組合である帝都パン粉組合が誕生し、初代理事長に丸山寅吉が選任されている。

しかし、戦争が始まると節米のために、国民の主食がすいとんなど小麦粉主体となり、パン粉向けの小麦粉は削減され、昭和20年初期にはパン粉が市場から姿を消し組合も解散している。終戦後も小麦粉はうどんやすいとんに使用され、パン粉屋は粗悪な小麦粉しか入手することができず、質の低いパン粉しか作ることができなかった。1951（昭和26）年に小麦粉が自由に売買されるようになると配給用のパンの製造からパン粉製造に切り替える業者が増加し、1956（昭和31）年には全国パン粉工業協働組合が誕生している。

昭和30年代になると国民の食生活は急速に改善され、洋食化が進んだことによりパン粉の消費量が急増し、パン粉の種類も製造量も大幅に増加する。設備機械の大型化・自動化が進み生産規模が拡大され、家内工業的なパン粉屋からパン粉製造メーカーへと発展していく。

当初パン粉は、通常の食パンを焼くのと同じように、発酵させたパン生地をオーブン等で焼いたパンを使用してパン粉を製造していた。しかし、1958（昭和33）年頃に名古屋のミカワ電機製作所が電極式パン焼窯を開発し、周辺のパン粉製造業者がこれを使用してつくった電極式パン粉を紹介したことがきっかけになり全国的に広まっていった。この頃にはパン粉の輸出も始まり、特にアメリカでは多くの反響を呼び、電極式のパン粉生産方式も輸出されるようになる。

1962（昭和37）年には、電極式のパン粉が香川県のメーカーの冷凍エビフライの衣に使用され、電極式のパン粉は油切れがよいために、時間が経過しても揚げたコロッケやフライの食感が落ちないことから評判になる。そして、冷凍技術の進化により、スーパーマーケットなどで冷凍食品の取り扱いが増えるにつれ、家庭用のパン粉だけでなく冷凍食品用の業務用パン粉が大量に製造されるようになっていく。さらに、電極式のパン粉は白い均一なパン粉が得られることや熱効率が良く製造コストを抑えることができることから、広く採用されるようになった[1]。

電極式パン焼窯を開発したミカワ電機製作所が、1990（平成2）年に電極式パン焼き器やパン粉機械を英国で出品したことも、日本のパン粉の知名度を上げた一因であり、2012年にはオックスフォード英語辞典に「PANKO」が英単語として採用されている[2]。

2. 焙焼式パン粉と電極式パン粉

パン粉は、その製造方法によって焙焼式パン粉と電極式パン粉の2種類に大きく分けられる。

焙焼式パン粉はオーブン等で焼いたパンを使用してつくるパン粉で、パンの表面に生じる香ばしい褐色の焦げの部分と中の白い部分とを分けないため、褐色の部分を含むパン粉である。焙焼による風味があり、焼き色がついた部分も一緒にパン粉として粉砕され、香ばしく、軽く、ソフトな食感をもつ。用途として、フライの衣からハンバーグの練り込み等幅広く利用される。

電極式パン粉は、小麦粉と水とイーストを混ぜたパン生地を発酵させ、発酵させたパンを電極板間に入れて通電し、ジュール熱で加熱してつくったパンを使用したパン粉である。電極式のパンは、表面に焼き色や焼いた風味が無く、仕上がったパン粉は白色である。パン粉の粒が剣のように鋭くシャープな形で、揚げる前も後も表面の凸凹が多いためトンカツなどに利用される[3]。また風味が無いためホタテなどの魚介類の素材の風味を活かしたフライに良く合う特徴がある。

理科実験の電気パンや終戦直後の電極式製パンは小麦粉を水で溶いたものに炭酸水素ナトリウムを加えた液状のものに通電するが、電極式パン粉ではイーストで発酵させたパン生地を、オーブンで焼くのではなく通電によるジュール熱で加熱する。したがって、いわゆる電気パンと電極式パン粉用のパンでは、パンを加熱する仕組みは同じであるが、膨張させる方法と通電のタイミングの

2点が異なる。いずれにしても、電極式のパン焼きでは水の沸点以上に温度が上昇することがないため、パンが焦げず全体が白いので、電極式パン粉は焦げた褐色の部分を含まない白い均一なパン粉になる。

中部以西では電極式パン粉の製造量が多い。これは、1958（昭和33）年に名古屋のメーカーが電極式のパン焼き釜を開発し中部地区から広まったことに加え、もともと関西では表面の焦げた部分には価値がなく、中身の白い部分だけが商品として売られていたためである。関東では、もともと焙焼式パン粉の焦げの部分と白い部分を分けることなく製造していたメーカーが多かったため、電極式のパン粉が広まった現在でも、関東のパン粉メーカーは焙焼式と電極式の両方式のパン粉が製造されている。

焙焼式によるパンは焼成時にオーブンの予熱が必要であるなど熱効率が悪くエネルギー消費量が多い。一方で電極式による製パンでは電気エネルギーの多くがパンの生成に使われるため熱効率がよいという特徴がある。現在、冷凍食品のコロッケやフライの工業化・均一化がすすみ、製品が均一で製造時のエネルギー消費量が少ない電極式パン粉も多く用いられている。

パン粉の製造量は年間約16万トン（2021年）で電極式、焙焼式別の統計はないが、だいたい同程度の量が製造されている。

3. 鉄からアルミニウム被覆鉄板そしてチタンにいたる電極開発

電極式パン粉製造時の電極板として、当初は鉄板が使用されていたが、パンに赤錆が付着・混入してしまうという課題があった。そこで、赤錆を防ぐために、使用の認められていなかった亜鉛引き鉄板やステンレス板などを不正に使用する業者があったが[4]、1967（昭和42）年に名古屋、1968（昭和43）年に神奈川の業者が県衛生局の立ち入り検査を受けている。名古屋では愛知県警や名古屋市保健課の立ち入り検査を受けて改善命令が出され、改善されるまで製造販売が差し止められた。

パン粉工業共同組合では、財団法人日本食品分析センターに市販のパン粉の安全性の確認を依頼し、厚生省食品衛生課に電極板の改善に向けて努力をしていることを陳述し、同時にパン粉業者に鉄の電極板の使用を推し進めた。

その一方で、鉄板では錆が生じパン粉に混入してしまうという営業使用上の難点が残るため、それを克服するための研究も並行して行っている。当初は、アルミニウム板の使用を検討したが、アルミニウム板ではやわらかく工業利用には不適当であることから、アルミニウム被覆鋼板の使用が検討される。泰平食糧とライオンパン粉で製造試験を行い営業使用に問題が無いことや、日本食品分析センターによって重金属等の溶出がなく安全性が確認されたことから、1968（昭和43）年にアルミニウム被覆鋼板の使用について厚生省に認可申請し[5)]、1970（昭和45）年2月に食品衛生法が改正され、アルミニウム被覆鋼板の使用が認められる。

アルミニウム被覆鋼板は、アルミニウムと鉄の形成するアルミナイド合金層が、防錆に有効であるため、良質なパン粉を焼成できる。しかし、アルミニウムとパン生地中の有機酸が反応して黄色のアルミニウム塩が形成し、生地に付着しパンの品質に影響がでることや、アルミナイド合金層は非常に薄く消失しやすいため耐久性が低く、頻繁に電極板を取り換えなければならないという作業面やコスト面の課題が残されていた。

その後、アルミニウム被覆鉄板の課題を解決すべく全国パン粉工業協同組合連合会技術委員長清水康夫によって電極板へのチタン使用の研究が進められる。アルミニウム被覆鉄板では、約50回の使用で錆が発生し、パン生地に赤錆が付着するため、赤錆が付着して褐変した部分を取り除くか電極板を交換するかをしなければならなかったが、チタン板では200回使用しても錆が発生しなかった。また、チタンはアルミニウムや鉄に比べて電気伝導率が低いが、製造テストの結果、パン生地内部の温度上昇や生地のアルファー化等について差は無く、純度99.8％のチタン板で製造したパン粉にチタンや重金属の溶出も見られなかった[6)]。

チタンの強度は、ステンレス鋼を上回り、アルミニウムの3倍であることから、電極式のパン粉製造においてチタン極板を使用するのが、安全性・耐久性のいずれの面でも有効であることがあきらかになり、1988（昭和63）年8月に食品衛生法が改正され、電極板へのチタンの使用が認められた。現在はチタン極板でパン粉用のパンが製造されている。

導入当時の1988（昭和63）年のデータでは、アルミニウムコーティング鉄板が1枚650円に対してチタン板は1枚11,000円で非常に高価だが、アルミ板は15日で交換しなければならないもののチタン板は10年持つとされ[7]、安全性だけでなく経済性の面でもチタン板が優れていることがわかる。

チタン電極の普及に貢献した清水は「パン粉は元来西欧より取り入れられたフライ料理の原料で、日本で発展を遂げた食品素材であるが日本式パン粉の生産技術は著しく優れており、とくに通電式製パン法は日本独特のものである」[6]としたうえで、「通電式製パン法は、日本で開発された方法であるので、欧米における、Tiの通極板としての、利用の例はない」[8]と語っているように、開発した技術と努力は誇るべきものである。

清水は「軍事用に研究された電気パンが戦後の食糧難のときに家庭用のパン焼き器として利用され、これが更にパン粉用のパン焼成法に発展したのは興味深いことである」[8]とも語っており、日本における軍事技術の民間転用の事例、科学技術と社会の関連性の事例として共有し、語り継ぐ必要があるだろう。

注および参考文献

1） 以下の文献をもとにまとめた。
　兵庫パン粉株式会社『一歩、未来へ　兵庫パン粉30年のあゆみ』大阪書籍、1992.
　全国パン粉工業協同組合連合会編『パン粉百年史』食料タイムス社、1977.
　藤川満「パン粉産業の歴史」『明日の食品産業』522号、2021、pp.37-45.

2） 青木孝「電極式調理の発明からパン粉へ続く歴史および再現実験」『神奈川大学理学誌』30巻、2019、pp.9-16.

3） 2020年10月14日放送のNHEテレビ番組「ためしてガッテン」で、店内で揚げたてを食べる場合には焙炒式のパン粉で、揚げてから時間が経過した後に食べるお弁当用のとんかつは電極式のパン粉で調理しているとんかつ専門店が紹介されている。

4） 以下の文献に「鉄以外のものを使用してはならないと規定されている。しかし、現実には亜鉛引き鉄板あるいはステンレススチール板が電極として使用されている場合がある」と記載され、亜鉛引き鉄板を使用したパン粉からは亜鉛が、ステンレススチールを使用したパン粉からはクロムが検出されたことが報告されている。
　森山繁隆・熊沢恒・石原利克「電極式パン焼機によるパン中の金属について」『衛生化学』

8巻、1960、pp.56-57.

5)　全国パン粉工業協同組合連合会編『パン粉百年史』食料タイムス社、1977.

6)　清水康夫「通電式製パン法とチタン通極板について―チタンの科学と生物学的安全性について―」『食品と科学』食品と科学社、30巻5号、1988、pp.114-117.
清水康夫「パン粉の品質規格およびフライの問題について 新極板認可までの経過」『食品工業』光琳、13巻22号、1970、pp.96-104.

7)「クラウン・フーズ、電極式パン製造機改良―チタンで耐久性向上」1988年1月5日付日本経済新聞.

8)　清水康夫「通電式製パン法とチタン通極板について（チタンの科学と生物学的安全性について）」『パン粉品質向上に関する資料7』、全国パン粉工業協同組合連合会編、1987、pp.2-46.

第9章

電極式調理のレトルト食品への応用

食品に直接通電することによって生じるジュール熱を利用した調理は、現在、パン粉製造の他にもさまざまな用途の食品加工等で応用されている。

1990年代に、全国蒲鉾水産加工業協同組合連合会蒲鉾研究所の柴眞によって、スケトウダラ・シログチ・イトヨリダイ・マイワシのすり身を使用したかまぼこ等の水産ねり製品の、ジュール熱による製造が検討されている[1]。その後も、製造したかまぼこの品質分析[2]や、かまぼこ連続製造装置の開発[3]など継続して研究が行われている。

一連の研究においてその装置製作に携わった株式会社フロンティアエンジニアリングは、その技術を研究室で使用するテスト機から生産工場で使用する製造装置へと発展させ、現在では、ジャム、フルーツソース、固形入り食品、コチュジャン類、アンコ、マカロニサラダ、ドレッシングなどの殺菌及び滅菌用加熱装置としての実用化に成功している[4]。

通電加熱による食品の加熱は、一般的な食品加熱法のように蒸気や熱水や油等の熱媒を使用しないことから、装置から油や煙や蒸気漏れが少なく衛生的であり放熱も少ない。また、通電加熱は、食品に直接電気を流して加熱するので、電気エネルギーが食品内部で熱エネルギーに変換されるため熱効率がよいうえに、短時間で均一に加熱することができるなど多くのメリットがあることから食品分野の生産工場において導入が進められている。

通常の電極式調理では交流電流の周波数が50Hzもしくは60Hzであるが、周波数を5kHzにすることで電極板表面の電気分解が抑制され、安全性が増すだけでなく均一かつ迅速な加熱が可能であること[5]、また、通常加熱よりも殺菌効果が高いうえに、有効成分や香気成分の熱的な分解が抑制されることなど、高周波の電極式調理の有効性が注目され、ジュースの殺菌やお酒の火入れに応用されて採用されるなど、活用の幅が広がっている。

注および参考文献

1）柴眞「ジュール熱を利用したかまぼこの加熱製造装置とゲル物性」『日本水産学会誌』58 巻 5 号、1991、pp.895-901.
2）柴眞・沼倉忠弘「ジュール熱を利用してスケトウダラすり身から製造した加熱ゲルの品質」『日本水産学会誌』58 巻 5 号、1992、pp.903-907.
3）柴眞「ジュール熱を利用したかまぼこの連続製造装置の開発および製品の特性」『日本水産学会誌』59 巻 5 号、1993、pp.795-800.
4）星野明「食品業界におけるジュール加熱技術の利点」『エレクトロヒート』日本エレクトロヒートセンター、32 巻 6 号、2012、pp.26-31.
星野明「食品用ジュール加熱殺菌装置のご紹介」『エレクトロヒート』日本エレクトロヒートセンター、35 巻 4 号、2014、pp.17-21.
5）井上孝司「交流高電界処理」『日本食品科学工学会誌』56 巻 1 号、2009、p.56.

第Ⅰ部　歴史編のまとめ

歴史編では、電気パンを核とする日本の電極式調理の起源から現状までの歴史的な視点から調査を行った結果をまとめた。

通電加熱の食品利用に関する最も古い記録は、1927（昭和2）年に出願された清酒加熱器の実用新案であった。実際に電極式の調理技術が実用化されたのは、阿久津正蔵によって1933（昭和8）年に研究が開始され、1937（昭和12）年に戦場に配置された陸軍炊事自動車に搭載された電極式炊飯器が最初であった。戦後、その技術が応用され、家庭向けの電極式炊飯器として国民栄養協会から厚生式電気炊飯器、富士計器からタカラオハチが販売され、電極式調理の源流がこれらの電極式の炊飯器であることがあきらかになった。

終戦後の電気パンの実状について、戦後の記録や現代の新聞や書籍等の資料等の調査を行った結果、国民栄養協会などから電極式のパン焼き器が販売されるだけでなく、一般家庭で木材と金属板を用いて自作され、終戦後の短期間に多くの家庭に普及したことがあきらかになった。主婦・子供・電気技術者向けのさまざまな書籍に電気パン焼き器の作り方などが取り上げられたことも普及拡大に大きな影響を与えたと考えられ、電極式炊飯器よりも電気パンの方が普及していたことが推察される。一方で、電気パンは一般家庭に広く普及したものの使用されたのは終戦から数年程度の短期間だけであった。

終戦後に普及した電極式炊飯器や電気パン焼き器は短期間で姿を消したため、現在は一般家庭で電極式の調理器具を見ることはない。しかし、パン粉の製造工場では、パン粉用のパンが電極式のパン焼き器で製造されている。電極式のパン焼き器がパン粉業界で使用されたのは昭和30年頃からであり、褐色の部分を含まない白色の均一なパン粉が得られることや熱損失が少なく効率が高いこと、また、時間が経過したコロッケやフライの衣の食感が落ちないことなどから普及が進んだ。

一方で、鉄電極からの赤錆等の異物混入を避けるために、違法である亜鉛被覆鉄板などを使用する業者が摘発されるという、電極素材に関する問題があった。昭和40年代には、パン粉業界はその対応策としてアルミニウム被覆鉄製の電極板の使用を推進した。さらに、電極溶出の問題を解決し耐久性を向上させるために、チタン製電極の使用について検討が重ねられ、厚生省からの使用認可を受けた。現在パン粉用のパン製造の約半分が焙焼式で、残り半分がチタン電極による電極式の製パンによって行われており、電極式のパン粉の普及の背景には、安全性が高く効率のよい電極開発のための業界の不断の努力があることがあきらかになった。

第Ⅱ部　教育編

食品に直接通電して加熱する電極式の炊飯器が陸軍炊事自動車で実用化され、終戦後にはこの技術を応用した電極式炊飯器や電極式パン焼き器が一般家庭に普及した。電極式パン焼き器は自作もされ多くの家庭で使用されたが、昭和20年代の中頃になると一般家庭から電極式の調理器具は姿を消す。

しかし、姿を消したと思われた電極式の調理法は姿を変え、学校の理科の授業、科学部での活動、科学館等の実験教室などで、電気パンの実験としてこれまで長い間幅広く行われてきた。この電気パンが昭和の時代から現代まで長く親しまれてきたのは、食べられるものづくり実験として楽しく、子供達に人気があることはもちろんであるが、この実験の原理がエネルギーの変換、電解質の性質、オームの法則、電力量などの理科の学習事項と広く重なるため、理科授業で活用しやすい教師にとっても魅力的な実験だからでもある。

第Ⅱ部では、電気パンの教育活用に関する研究結果や実践報告等の資料を収集・整理し、いつ・誰が・どのような経緯で電気パンを教材として取り上げたのか、また、教材活用にあたって教師・研究者がどのような工夫・改善を行ってきたのかなど、電気パンの教育活用の歴史的な経緯をあきらかにし、積み重ねられた知見を共有する。

さらに、収集した資料から電気パンがどのような校種・機会・目的で取り上げられていたのかを分析することで、電気パンが教育現場で現在まで広く長く取り組まれてきた理由を考察する。

第10章

電気パンの教育活用の歴史

1. 電気パンの実験方法及び原理

小麦粉、砂糖、食塩、ベーキングパウダー等があらかじめ混合されているホットケーキの素に水などを加えて溶いたものを用意し電気パン作成用の容器に入れる[1]。容器は、繰り返し使用可能な木製容器を作成して使用することもあるが、牛乳パックを加工した容器を使い捨てで使用するのが一般的である。この容器内に2枚の電極板を入れて交流100 Vの電圧をかけると、パン生地には電解質である食塩や炭酸水素ナトリウムが含まれているため電流が流れてジュール熱が発生する。温度が上昇するとベーキングパウダー中の炭酸水素ナトリウムが熱分解して二酸化炭素が発生するため電気パンが膨らむ。この間、水分が蒸発して減少するため次第に電流が流れにくくなり、電気パンができあがる頃には自然に電流が流れなくなるので、必要以上に加熱しすぎることはない。

電気パンは、ホットプレートやフライパン等からの伝導熱で焼くのでも、オーブン等の赤外線による輻射熱や熱風の対流によって焼くのでもなく、パン生地に直接通電して発熱させてつくるものであり、この電気パンの科学的な原理が、理科の学習内容と重なる箇所が多いため有効な実験となり、これまで教材として活用されてきたのである。

図10-1　電気パン実験の様子

2. 電気パンの教育活用の歴史

(1) 調査方法

電気パンが、いつ頃から教育に取り入れられ、どのように活用されていたのかをあきらかにするために、雑誌・一般書籍・学会誌・紀要等に報告されている電気パンに関する研究・実践報告の調査を行った。文献の収集にあたって、雑誌は理科教育に関連する雑誌『理科教室』（国土社・新生出版・星の環会・日本標準・本の泉社）、『楽しい理科授業』（明治図書）、『たのしい授業』（仮説社）、『理科の探検RikaTan』（星の環会、文一総合出版、文理）、『理科の教育』（東洋館出版）について目次や関係者らが運営するデータベース等を参考に網羅的に調査を行い、電気パンに関する記述がある文献を資料とした。一般書籍は、国立国会図書館の検索システムNDL ONLINEを使用し「科学、実験」「物理、実験」「化学、実験」「理科、実験」「電気パン」をキーワードにして検索し該当する一般書籍について、目次等を参考に網羅的に調査し、電気パンに関する記述のある書籍を資料とした。学術団体等の発行する機関誌や学会誌および研究紀要等は、国立情報学研究所の論文検索サービスCiNii Articlesを活用し「電気パン」「電極、パン」をキーワードに検索を行い、該当する文献を資料とした。その他の文献として、電気パンが掲載されている文部科学省検定教科書も資料に加えた。なお、終戦直後に出版された雑誌・一般書籍の中には、電極式のパン焼き器の制作および活用方法を解説した主婦向けの雑誌や電気工作を扱う書籍が見られたが、本研究では調査対象を学校教育関連の文献に限定することとし、これらは調査対象資料の一覧には加えなかった。

本調査で収集した電気パンに関する記述を含む文献は49件であった。表10-1に書名・発行年・著者および内容の要約を示す。なお、上記の文献収集方法で電気パンに関連するすべての文献を収集するのは限界がある。また、電気パンが教育現場で取り入れられた当初の記録は、各地の理科研究会やサークル等で手書きや印刷資料等で共有されていると考えられるが、これらも充分に調査するにはいたっていない。したがって、本研究は収集した49の文献を中心とした分析に限定されるが、電気パンの教育活用の実状や傾向や歴史的な経緯について一定程度の成果が得られると判断した。

表 10-1　電気パンが掲載されている主な雑誌・一般書籍・学会誌等

No	書名（出版社）	発行年月	著者	内容等
1	『少年工作』創刊号、科学教材社、pp.14-16	1946.10	小林喜通	「家庭用電気パン焼き器の設計」 ヒューズの飛ぶ理由。ヒューズの飛ばない電気パン焼き器[2]の設計方法を解説。
2	『科学自由研究文庫 理化』京都師範学校男子部附属小学校科学教育研究部編、高桐書院、pp.7-14	1947.9	大槻隆一	「二、電気（1）電気パン焼き器」 食塩・重曹の添加量、小麦粉の混ぜ具合、極板の材質や極板間の距離等を検討し、電解質の学習につなげる教科書。同様の方法による炊飯も掲載。
3	『科学と教育』第 3 巻、科学と教育刊行会、pp.83-87	1948.10	小林秀年	成蹊中学 3 年生が夏休みに行った「電気パン焼き器の実験」の研究発表。
4	『小学家庭科の学習指導』、明治図書、pp.174-176	1949.1	堀七蔵 二見美喜 阿部廣司	「家庭用品の製作、修理（単元 5 自分のことは自分で）」 東京女子高等師範学校・附属小学校教諭による教科用指導書に電気パン焼き器の製作が掲載。
5	『成城学園教育研究所教育年報』第 3 集、pp.114-126	1980.11	立木和彦 田沢与光 上廻昭 他	「理科教育における経験教材の開発と教育実践」 科学教材と経験教材について報告され、小 5 の経験教材の 1 つに電気パンが位置付けられている。
6	『成城学園教育研究所教育年報』第 4 集、pp.55-128	1981.11	立木和彦 田沢与光 上廻昭 他	「理科教育における経験教材の開発と教育実践（続）」 電気パンの児童からの歓迎度が、5：68.6％、4：22.9％、3：8.6％と高評価であり、授業実施教師 2 名からこのまま授業で使えると判断されている。
7	『授業科学研究』12、仮説実験授業研究会編、仮説社、pp.83-91	1982.10	吉村七郎	「成城学園小学校の経験教材について ― および電気パンの紹介」 成城学園の取り組みと暁星小学校での実践報告。

8	『科学を楽しくする5分間 ― 手軽にできる演示実験』日本科学会編、化学同人、pp.165-169	1984.4	化学教育編集委員会	「ホットケーキを焼く ― 電解質水溶液の電導性」 実験方法と原理の説明[3)] 1L牛乳パックを立て置きでカットせずに使用し、電極はアルミ箔を使用。 電極の面積と電極間距離による焼成時間の比較。 大阪府私立中学校高等学校理科教育研究会、大阪府科学教育センターが中心に編集。
9	『理科教室』通巻335（第27巻 第9号）、新生出版、pp.86-87	1984.9	黒田弘行	「たのしくてよくわかる実験・観察：電気パンやき」実験方法の紹介。 木製電気パン焼き器による電気パンやきを紹介。牛乳パック横置き型も紹介。
10	『たのしい授業』通巻20、仮説社、74-77 ※『ものづくりハンドブック1』、仮説社、pp.113-116にも掲載	1984.11	高村紀久男	「電気パン焼き器」 実験方法と原理の説明 牛乳パック横置き型電気パン焼き器を紹介。木製電気パン焼き器にも言及。
11	『たのしい授業』通巻20、仮説社、7 pp.8-79 ※『ものづくりハンドブック1』、仮説社、pp.117-119にも掲載	1984.11	長浜勝利	「直流で電気パンを焼くと」 電気パンを交流ではなく直流で行った時の失敗例を紹介。
12	『SUT BULLETIN』通巻24号（第3巻第6号）、東京理科大学出版会、pp.50-51	1986.6	後藤道夫	「電気パン焼き器を用いた生徒実験」 原理と実験方法の説明。蝶番付木製電気パン焼き器。電流計・電圧計を接続し、抵抗（Ω）・電力（W）・仕事（J）を求める生徒実験例を紹介。 通電状態チェック用に電球とスイッチを並列接続。
13	『いきいき物理わくわく実験』、愛知・岐阜物理サークル編、新生出版、p.115	1988.5	長野勝	「パン屋もびっくり 電気パン」 実験方法と原理の説明。 牛乳パック縦置きで水平に切断した容器を使用。
14	『ポピュラーサイエンス 化学が好きになる実験』、裳華房、pp.38-41	1990.10	宮田光男	「紙コップのパン焼き器」 実験方法と原理の説明。紙コップとスプーン電極。

15	『楽しい実験室女子高生のチャレンジ（グラフィック理科実験室）』、（財）日本私学教育研究所編、日本教育新聞社出版局、pp.105-109	1991.9	後藤道夫	「電気パン焼き器でパンを焼く」 実験方法と原理の説明。蝶番付木製電気パン焼き器。電流計・電圧計を接続し、抵抗（Ω）・電力（W）・仕事（J）を求める生徒実験例を紹介。 通電状態チェック用に電球とスイッチを並列接続。
16	『イベントを盛りあげる科学実験お楽しみ広場』、本間明信・小石川秀一・菅原義一編、新生出版、pp.78-79	1992.8	高橋匡之	「電気パンをつくろう」 実験方法と原理の説明。牛乳パック縦置き容器。 電極に銅板使用を言及。 ※参考文献にNo.13
17	『おもしろ実験・ものづくり完全マニュアル』、左巻健男編、東京書籍、pp.21-26	1993.8	杉原和男	「電気パン焼き器」 実験方法と原理の説明。木製容器と牛乳パックの両方を紹介。 食塩添加量や電極板間距離と焼成時間や焼き上がり状態を比較。ショートによる事故防止用に消費電力の大きな電気器具やヒューズを使用。 電気パンに電球からのコードの先端部を入れてパンに電気が流れていることを確認。※参考文献にNo.8
18	『物理がおもしろい』、ガリレオ工房（物理教育実践検討サークル）滝川洋二編、日本評論社、pp.43-50	1995.4	猪又英夫	「物理実験室でパン作り」 実験の紹介と原理の説明。電流－時間グラフを作成して、電力量と仕事率を求める物理「エネルギーの変換」の授業実践。※参考文献にNo.10, 11, 13
19	『たのしくわかる化学実験事典』、左巻健男編、東京書籍、pp.398-399	1996.3	後藤富治	「蒸しパンづくり」 実験方法と原理の説明。電極板とリード線の接触不良で電極板が発熱し、電極板付近だけが先に焼けてしまってうまく焼けない事例を紹介。
20	『楽しい理科授業』通巻357、明治図書、pp.10-13	1996.9	菅原義一	「“イベント仕掛け”の超面白ネタBEST5」 実験方法を紹介。※参考文献にNo.16
21	『化学と教育』第45巻1号、日本化学会、p.45	1997.1	吉川直和	「電気パンとコーヒーのCOD測定」 実験方法を紹介。※参考文献にNo.17

22	『理科教室』通巻504（第40巻 第5号)、新星出版、p.91	1997.5	宮内主斗	「電気パンを一気に作ろう ― 生徒が発見した並列接続」 中学3年生が電気パン焼き器を2つ並列に接続して効率よく作る方法を見つけた事例の紹介。
23	『たのしい授業』第188巻、仮説社、pp.58-61 ※『ものづくりハンドブック5』、仮説社、pp.232-235にも掲載	1997.10	田辺守男 山路敏英	「ものづくり再挑戦電気パン」 10班一斉に実験を行った際にブレーカーが落ちた経験から、パン生地中の水分量が多い方が最大電流が大きくなることを報告。
24	『大阪教育大学理科教育研究年報』第22巻、pp.49-58	1998.3	加藤好博 坂本敦子 福田渉子	「小学校の理科教材の研究と改良 ― 電気でパンを焼こう！」 電流・温度・塩・炭酸水素ナトリウムの添加量と焼き上がり状態の比較実験。極板の形や牛乳パック中の位置と焼き上がり状態の比較実験の報告。 電球を並列に接続し通電状態をチェック。
25	『たのしくわかる物理実験事典』、左巻健男・滝川洋二編、東京書籍、pp.322-324	1998.9	古川千代男	「物に電流を通じると必ず発熱する」 液体に電流が流れる事例の1つとして電気パンを紹介
26	『日本産業技術教育学会誌』第43巻3号、日本産業技術教育学会、pp.161-168	2001.9	松岡守 他10名	「「電気パン」実験に対する電気的特性の実験的評価と食品としての安全性」 加熱したアルミホイル・アルミ板・ステンレス板で焼いたパンと、電極にアルミホイル・アルミ板・ステンレス板を使用した電気パンのできあがり状態の差から「安易に食用に供するのは避けるべき」と指摘
27	『楽しい理科授業』第432巻、明治図書、pp.44-45	2001.11	須川幸弘 野呂幸生	「総合とドッキングモノづくり 私の工夫例」 実験方法の紹介
28	『おもしろ実験・ものづくり事典』、左巻健男・内村浩編、東京書籍、pp.205-209、	2002.2	杉原和男	「電気パン」 実験方法と原理の説明。食塩添加量や電極板間距離と焼成時間や焼き上がり状態の関係を実験。ショート事故防止用に消費電力の大きな電気器具やヒューズを使用。電極板が溶出することから電極板付近を切り落として少量試食するよう指摘。

29	『物理教育』第57巻2号、日本物理教育学会、pp.85-90	2009.2	岡田直之	「電気パンの電流値変化」 電気パン焼成時の電力の時間変化のグラフが2コブ型になることについて、デンプンの糊化にともなうパン生地の電気伝導率の変化が原因であると報告。
30	『X線分析の進歩』第40巻、アグネ技術センター、pp.177-182	2009.3	原田雅章	「微小部蛍光X線分析法による「電気パン」の安全性に関する検討」 電極にステンレス板を使用した電気パンには鉄・ニッケル・クロムが溶出することを蛍光X線分析であきらかにし「味見の際は中心部分をほんの少しつまみ食い」の方がよいと指摘。
31	『イラストでわかるおもしろい化学の世界3 つくる実験』、山口晃弘編、東洋館出版社、pp.17-20	2011.11	宮内卓也	「電気パンをつくってみよう」 実験方法と原理の説明。 電極板付近を食べないよう注意がある。
32	『物理教育』第60巻2号、日本物理教育学会、pp.151-153	2012.4	大野成康	「簡単な消費電力量の算出で行うエネルギー学習」 電流と時間の関係を折れ線グラフではなく、方眼紙のマス目を利用した棒グラフで作成し、マスを数えることで電力量を求めさせる物理の授業実践。
33	『高校教師が教える化学実験室』、工学社、pp.42-44	2012.8	山田暢司	「電気でホットケーキを焼く」 実験方法と原理の説明。エネルギー変換や水の蒸発熱にも言及。
34	『実験マニア』、亜紀書房、pp.175-181	2013.4	山田暢司	「ホットいてホットケーキ」 実験方法と原理の説明。エネルギー変換や水の蒸発熱にも言及。電極板付近を一定量削り取ってから味見するよう注意。
35	『理科教育法 独創力を伸ばす理科授業』、講談社、pp.152-153	2014.3	川村康文	「電気パン」 実験方法と原理の説明。ステンレス極板からのクロム・ニッケル漏出を解決するために鉄製電極を使用。 電気パンは塩基性を示すため、電気パンに紫芋の粉を入れて緑色に変化させる実験を紹介。

36	『鳴門教育大学研究紀要』第30巻、鳴門教育大学、pp.494-502	2015.3	宮本賢治 米延仁志 谷陽子	「大学院における課題解決型学習としての技術科教育実践 — ジュール熱を利用したパン焼きによるエネルギー変換学習での事例」 大学院生による附属中学校での授業実践報告。実験の選択から実施までを大学院生が検討して行う問題解決型の授業の報告。8種の実験が検討され電気パンの実施が選択された。
37	『鳴門教育大学授業実践研究』第15巻、鳴門教育大学、pp.91-98	2016.6	廣田将義 他5名	「児童自立支援施設における理科の体験活動を通して主体的に学ぶ生徒を育成する」 児童自立支援施設内の学校の生徒に対し、身近な道具を使った科学の面白さや不思議さの体験を通して、事物・現象の仕組みを、生徒が主体的に活動できる授業実践のための教材の1つに電気パンを使用
38	『明星大学理工学部研究紀要』第53巻、明星大学理工学部理工学部研究紀要編纂委員会、pp.31-38	2017.3	津田裕也 鈴木昇	「備長炭電極を用いた安全な電気パン実験」 金属電極板の使用による電気パンへの金属や金属酸化物の混入を防ぐために、ファインカッターと切断砥石で備長炭を板状にした電極板を使用する方法を報告
39	『子どもと自然学会誌』第13巻第1号、子どもと自然学会、pp.51-58	2018.3	高橋愼司 高橋亮平	「電気パンの可能性」 「成城学園技術教材テキスト集」掲載の電気パンを紹介。電気パンでステンレス板の溶出量を計測しクロム溶出の危険性を指摘。
40	『東京薬科大学研究紀要』第21号、pp.41-48	2018.3	内田隆	「「電気パン」実験の教材的意義の考察」 電気パンの教育活用の歴史のまとめ。 電極板へのグラファイトシートの利用の検討。 大学教職課程「理科教育法」での活用事例の紹介。
41	『神奈川大学理学誌』第29巻、5-12	2018.6	青木孝	「電極式パン焼き器を使った炊飯実験の特性理解」
42	『子どもと自然学会誌』第14巻第1号、子どもと自然学会、pp.74-78	2019.3	高橋愼司 高橋亮平	「電気パンの可能性Ⅱ」 ステンレス電極板の代替材料として錫電極使用の可能性を検討。
43	『神奈川大学理学誌』第30巻、pp.9-16	2019.6	青木孝	「電極式調理の発明からパン粉へ続く歴史および再現実験」

44	『東京薬科大学研究紀要』第 23 号、pp.41-48	2020.3	内田隆	「炊飯を起源としパン粉製造に続く電気パンの歴史（1）— 陸軍炊事自動車と厚生式電気炊飯器とタカラオハチ —」
45	『神奈川大学理学誌』第 31 巻、pp.25-32	2020.6	青木孝	「電極式底置き炊飯とイースト発酵食パンの性能評価実験」
46	『東京薬科大学研究紀要』第 24 号、pp.1-16	2021.3	内田隆	「炊飯を起源としパン粉製造に続く電気パンの歴史（2）— 陸軍炊事自動車と厚生式電気炊飯器とタカラオハチ —」
47	『神奈川大学理学誌』第 31 巻、pp.27-34	2021.6	青木孝	全卵ホイップ泡状生地の電極式ケーキの特性とまとめ
48	教科書『理科基礎』、東京書籍、p.130	2002.3 検定済	上田誠也 他 12 名	「流れる電気・見える電気」の章で電気エネルギーが熱エネルギーに変換される例として電気パンが記載。
49	教科書『科学と人間生活』、第一学習社、p.65	2011.3 検定済	中村英二 他 9 名	「熱や光の科学」の章で、ジュール熱の利用の例として実験方法が記載。極板付近のパンを食べないように注意。

(2) 収集文献からみえてくる電気パンの教育活用の概況

1）電気パンの教育活用の経年的傾向の概略

終戦直後には各家庭で電極式のパン焼き器が使用されていたためか、子供用の科学雑誌『少年工作』（1946、No.1）[4] や教科用図書『科学自由研究文庫 理化』（1947、No.2）や教師用指導書『小学家庭科の学習指導』（1949、No.4）に電気パンに関する記述が見られた。しかし、終戦から数年が経過する頃には各家庭で電極式のパン焼き器が使用されなくなったためか、1950・60・70 年代には電気パンが記述されている文献は見られなかった。

1980 年になると成城学園初等学校の電気パンの教材活用（No.5）、1981 年に電気パンの実践の結果および評価（No.6）が報告され、1980 年代になると、さまざまな校種の教師による、多様な視点からの電気パンの実験方法の解説や活用例や実践事例等の報告が見られるようになり、その傾向は現在まで継続している。

電気パンは、実験後に食べることも多いが、2000 年代に入ると電極成分のパンへの溶出による摂取の危険性が指摘される（「電気パン」実験に対する電気的特性の実験的評価と食品としての安全性」（No.26）、「微小部蛍光X線分析法による「電気パン」の安全性に関する検討」（No.30））。その結果、2000

年代以降の文献では電気パンの解説中に「おいしい」や「食べよう」といった記述がほとんど見られなくなり、食べる場合には極板付近を避けて少量にする等の注意書きが付記されるようになる。

さらに、電気パンの安全性の配慮の必要性が教師間で共有されるようになったことからか、1988年出版愛知・岐阜物理サークル編『いきいき物理わくわく実験』（No.13）や1996年出版左巻健男編『たのしくわかる化学実験事典』（No.19）には電気パンが掲載されているが、新版の2002出版愛知・岐阜物理サークル編『いきいき物理わくわく実験』や2010年出版左巻健男編『やさしくわかる化学実験事典』では、電気パンの掲載が見送られるという事例もみられた[5)]。

しかし、電極成分のパンへの溶出が指摘されて以降も「味見する場合はステンレス板に触れている部分を一定量削り取ることが望ましい」（No.34)、「極板付近のパンを食べないこと」（No.49）のように注意喚起を付記しながら、多くの実験書や実践報告が発行されているだけでなく、高校の検定教科書にも電気パンが紹介されていることから（No.48、49)、電気パンが現在も有用かつ有効な理科教材であると、多くの教師に支持されているといえよう。

2）電気パンの活用機会・場所・目的

収集した資料における電気パンの実施対象や報告者の校種は、小・中・高校・大学・大学院等多様であった。例えば、小学校は「小学校の理科教材の研究と改良 ― 電気でパンを焼こう！ ―」（No.24）など、中学校は中学生が発見した並列接続「電気パンを一気に作ろう」（No.22）など、高校は「楽しい実験室 女子高生のチャレンジ（グラフィック理科実験室)」（No.15）など、大学・大学院は「大学院における課題解決型学習としての技術科教育実践」（No.36）などである。また、児童自立支援施設における取り組み事例として「児童自立支援施設における理科の体験活動を通して主体的に学ぶ生徒を育成する」（No.37）もあった。電気パンが低年齢から高年齢の児童・生徒・学生を対象に取り組まれていることがあきらかになった。

さらに授業だけでなく、例えば「イベントを盛りあげる 科学実験 お楽しみ広場」（No.16）にあるように、科学部等の活動、文化祭等のイベント、科学館での実験・工作教室等のようにさまざまな機会・場所でも実践されている[6)]。

電気パンを行う目的も、いわゆるおもしろ・おたのしみ実験としてはもちろんであるが、化学（『ポピュラーサイエンス　化学が好きになる実験』（No.14）、『たのしくわかる化学実験事典』（No.19）、『化学と教育』（No.21）など）、物理（『いきいき物理わくわく実験』（No.13）、『たのしくわかる物理実験事典』（No.25）、『物理教育』（No.32））と理科のさまざまな分野の書籍で紹介されていることから、理科・化学・物理の学習内容全般と広く関連させて実施されていることがうかがえる。

(3) 終戦直後の電気パンの教育活用の状況

終戦後の各家庭で、電極式のパン焼き器が実際に使用されていたときに発行された教育関連の文献として、表10-1のNo.1〜4の4つの資料がある。

1946（昭和21）年10月発刊の『少年工作』創刊号（No.1）には「家庭用電気パン焼き器の設計」が掲載され、ヒューズが飛ぶ理由の解説と、ヒューズが飛ばない電気パン焼き器の設計方法が3頁にわたって解説されている。

1947（昭和22）年9月出版の『科学自由研究文庫理化 科学』（No.2）は、電極式のパン焼き器を製作したうえで「メリケン粉と水の交ぜ具合」「食塩の加えかげん、ぜんぜん加えないときはどうか」「重曹（たんさん）の多いとき、少ないとき、まったく加えないとき」「イーストパンと重曹パンのひかく」「極板の間隔をいろいろにかえて」「焼けるまでの時間のひかく」「どんな種類の極板を使えばよいだろうか（鉄・銅・アルミニウム・トタン・ブリキなど）、有毒なものはないか」「手入れの仕方」について、電流計、電圧計、温度計を使用して実験を行い、実験後には食塩水の電気伝導性や電解質の学習へと話がすすめられている。つまり、終戦から2年後の1947（昭和22）年9月には、電極式のパン焼き器が食糧不足時の調理器具としてだけではなく、すでに理科の学習教材として活用されていたのである。

電気パンを焼くための諸条件について実際に研究した生徒も存在し、1947

図 10-2　小学校 5 年生が学校での電気パン焼き器製作を書いた 1946（昭和 21）年 8 月の絵日記[7)]

(昭和 22）年の夏休みに成蹊中学校 3 年生が行った電気パンに関する研究成果「電気パン焼き器の実験」が『科学と教育』(No.3）に発表されている。

そして、民主的・文化的な家庭生活を営むために、これまでの裁縫家事の教授とは異なる新しい家庭科を目標として、1949（昭和 24）年に東京女子高等師範学校の教諭によって書かれた『小学家庭科の学習指導』では「自分のことは自分でできるようにする」ことを目標とする単元が設けられ「家庭用品の製作、修理」の章で電気パン焼き器が取り上げられている（No.4)。実際に、小学校で電極式のパン焼き器を製作し家に持って帰ってパンを作って食べたことが書かれた絵日記（図 10-2）も残っている。

しかし、終戦から 5 年も経過する頃には各家庭で電極式のパン焼き器は使用されなくなっていたせいか、この後は 1980 年代まで、教育関連の文献中に電気パンついて触れられた資料は見られなかった。

(4）高度経済成長期以降の電気パンの教育活用

1）NHK テレビ番組「みんなの科学」で放映された電気パン

1950 年代から 70 年代後半までは、学校の実験教材としての電気パンの活用記録はないが、1963 年から 1980 年までの 17 年間放映された NHK の科学番組「みんなの科学 たのしい実験室」で、以下の 3 回にわたって電極式のパン焼き器が取り上げられている[8)]。

この番組制作に関わっている科学実験グループの協力で発行されている通信『みんなの科学 たのしい実験室ファンクラブ』(1978 年 11 月号）には、放映された電極式蒸しパン器の作り方が掲載され「御両親またはおじいさん、お

表10-2　NHK「みんなの科学」電気パンの放送回

放映日	タイトル	出演者
1967年10月24･25日	たのしい実験室「パンを焼く」	日暮照雄・塚越靖一
1969年6月3･4日	たのしい実験室「パンを焼く」	金平隆・小堀信夫
1978年10月12･13日	たのしい実験室「蒸しパンをつくる」	岡沢精茂・岩倉啓子・安井幸生

ばあさんたちに質問してごらんなさい。30年程前には、日本中ほとんどの家庭に、それぞれ工夫をこらしたこの蒸しパン製造器があったということです。みなさんも、自分なりの工夫をこらして、ためしてごらんなさい」[9]と紹介されている。ここでは、電極式パン焼き器が食糧不足時の調理器具としてではなく、子供向けの科学工作・電気工作として取り上げられている。

なお、1975年4月から司会者となり、1978年10月放映の「蒸しパンをつくる」で聞き手役を務めた安井幸生氏は、放映当時は高校の理科教員であった。安井氏に確認したところ、高校の理科の授業で電気パンを取り上げたことはないと語っていたことから[10]、TV放映された電気パンは、関心度の高い子供向けの科学・電気工作として紹介されたもので、この時期はまだ学校の理科実験教材としては活用されていなかったと考えられる。

2）成城学園初等学校理科研究部による電気パンの教材化

1972年から1977年にかけて成城学園初等学校では、理科の原理的な法則を教育内容として科学とは何かを把握する「科学科」と、飼育・栽培・製作・採集などの総合的技術的側面を主流にした「経験科」の設置を試みており、1978年以降は「経験科」を独立させずに理科の中で「科学教材」「経験教材」に分け、実践的に研究を行っていた[11]。「経験教材」は「自然科学の基礎的な知識を教え」「できる自信を育てる」[12]ための教材で、ベッコウアメ、針穴写真機、カイコ、ジャガイモなどの教材化が進められ、その一つとして電気パンが検討されている（No.5）。

成城学園の1979年8月現在のカリキュラムの5年生3月の教材として電気パンが記載されており[12]、NHK「みんなの科学」で電気パンが放映された

1978年10月と時期が重なる。この番組制作に成城学園の上廻昭が関わっており、成城学園での電気パンの実践をもとに番組が制作されたのか、番組制作をきっかけに上廻が理科授業に取り入れたのか、どちらが先かは定かでないが、いずれにせよ電気パンを教材として扱うようになったきっかけは、成城学園の上廻とNHKテレビ番組「みんなの科学」であるといってよいだろう[13)]。

成城学園では、この電気パンを小学校の理科実験教材として活用できるように、電気パン焼き器と電極板の素材や大きさ、材料や分量などの諸条件について立木和彦、纐纈和好、森山朋子らが工夫・研究を重ねて教材化をすすめ[13)]、経験教材のテキストを開発した。その内容は、電気パン製造器の製作と、自作した製造器でパンをつくるものであり、技術的・経験的要素に主眼が置かれている。

開発した電気パンのテキストを小学5年生35名に実践し、授業者と児童の両方から評価・検討を行った結果、子供からの歓迎度が5段階評価の5が24名（68.6%）、4が8名（22.9%）、3が3名（8.6%）であった。児童の感想文には「一番おもしろかったのが“電気パン”。これは、電気パン製造器をつくってからその中へ小むぎこなどを入れた。電気パン製造器は木でつくってあって、木と木のつなぎ目を、くぎでつなぐところが一番難しかった。少しでもすきまがあると、パンの原料がもれてしまうから。はんの中でパンを作って食べたあと製造器の方は家へ持って帰った。家で何回もパンを作って食べた」（No.6）と書かれ、製作した達成感や道具としての有用感が児童の印象に強く残っていることが感想からうかがえる。授業を行った教員2名（立木和彦、上廻昭）は、作成したテキストを「このまま授業で使える」（No.6）と判断しており、電気パンは『経験教材テキスト集1981年版』（成城学園初等学校理科研究部、図10-3）の5年生の教材に掲載された。

その後「科学教材」「経験教材」といった考え方は使われなくなり、電気パンのテキストは、パン製造機の製作やパンづくりといった技術的・経験的要素に加え、パン製造機と電球を接続した回路を用いて、水道水やベーキングパウダーを溶かした水の電気伝導性を調べるといった、科学的要素も含む教材として改良され、『技術教材テキスト集1983年版』（成城学園初等学校理科研究部、

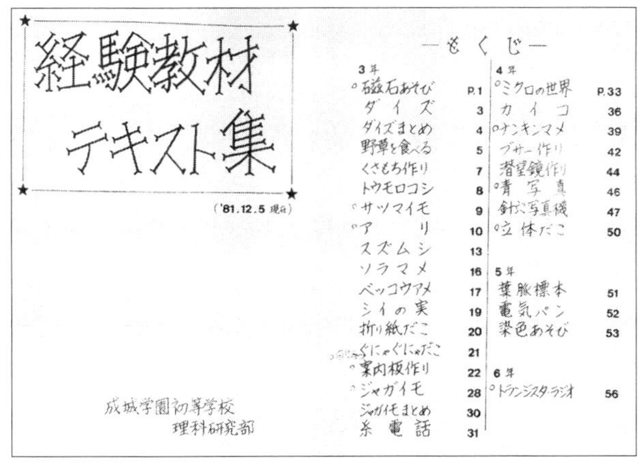
★経験教材テキスト集★

（'81.12.5 現在）

成城学園初等学校
理科研究部

―もくじ―

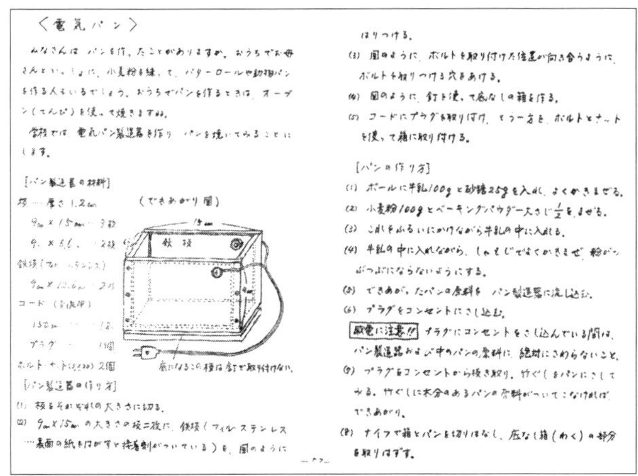
〈電気パン〉

みなさんは パンを作ったことがありますか。おうちでお母さんといっしょに、小麦粉を練って、バターロールや動物パンを作る人もいるでしょう。おうちでパンを作るときは、オーブン（てんぴ）を使って焼きますね。

学校では 電気パン製造器を作り パンを焼いてみることにします。

[パン製造器の材料]
板…厚さ1.2cm
9cm×15cm…2枚
9 × 6.6 …2枚
鉄板（フィル・ステンレス）
9cm×12.6cm…2枚
コード（平行線）
150cm…1本
プラグ…1個
ボルト・ナット（5×20）2個

（できあがり図）

[パン製造器の作り方]
(1) 板をそれぞれの大きさに切る。
(2) 9cm×15cmの大きさの板二枚に、鉄板（フィル・ステンレス…裏面の紙をはがすと接着剤がついている）を、図のようにはりつける。
(3) 図のように、ボルトを取り付けた位置が向き合うように、ボルトを取りつける穴をあける。
(4) 図のように、釘を使って底なしの箱を作る。
(5) コードにプラグを取り付け、もう一方を、ボルトとナットを使って箱に取り付ける。

[パンの作り方]
(1) ボールに牛乳100gと砂糖25gを入れ、よくかきまぜる。
(2) 小麦粉100gとベーキングパウダー大さじ$\frac{1}{2}$をまぜる。
(3) これをふるいにかけながら牛乳の中に入れる。
(4) 牛乳の中に入れながら、しゃもじでよくかきまぜ、粉がつぶつぶにならないようにする。
(5) できあがったパンの原料を パン製造器に流し込む。
(6) プラグをコンセントにさし込む。

感電に注意!! プラグにコンセントをさし込んでいる間は、パン製造器および中のパンの原料に、絶対にさわらないこと。

(7) プラグをコンセントから抜き取り、竹ぐしをパンにさしてみる。竹ぐしに水分のあるパンの原料がついてこなければできあがり。
(8) ナイフで箱とパンを切りはなし、底なし箱（わく）の部分を取りはずす。

図 10-3　成城学園初等学校理科研究部 経験教材テキスト集[14)]

図 10-4）の 5 年生の教材に掲載された。

成城学園初等学校の電気パンの実践を参考に、暁星小学校では、図工の時間に図工担当の教員が木工を、理科の時間に吉村七郎が電線の取り付け等の電気工作とパン焼きを行い、「製作できる自信」を育てるための経験を重視する教材として、1982 年に実践している（No.7）。

終戦直後の学校で電気パンが行われていた時期を除いた、高度経済成長期以降の学校の授業で電気パンが理科実験教材として活用された記録は、管見の限

技術教材
テキスト集

（'33.12.1 現在）

成城学園初等学校
理科研究部

目　次

<電気パン>

みなさんは、パンを作ったことがありますか。おうちでお母さんといっしょに、小麦粉を練って、バターロールや動物パンを作った人もいるでしょう。おうちでパンを作る時は、オーブン（てんぴ）を使って焼きますね。

学校では、電気パン製造器を作り、パンを作ってみることにします。

〔パン製造器の材料〕
- 板（厚さ12mm）…90mm×150mm（3枚），90×72（2枚）
- 鉄板（フィル・ステンレス）…90×126（2枚）
- コード（100V直流用）…1.5m
- プラグ　…1コ
- ボルト・ナット（6φ 20mm）…2こ

〔パン製造器の作り方〕
① 板をそれぞれの大きさに切る。
② 90×150の大きさの板2枚に、フィル・ステンレス（裏面の紙をはがすと接着剤がついている）を、上の図のようにはりつける。
③ 上の図のように、ボルトを取りつけた位置が向きあうように、穴をあける。
④ 上の図のようにクギを打って、底なしの箱を作る。
⑤ コードにプラグを取りつけ、もう一方を、ボルトとナットを使って箱に取りつける。

⑥ うまく組み立てられましたか？ さて、これでパンを作るにはパンの原料（小麦粉，牛乳，砂糖，ベーキングパウダー）を入れて電気を通すわけですが、その前に！

(1) 右の図のように箱の中に紙を入れて、プラグをコンセントにさし込んだら、紙はどうなると思いますか。
- ア．紙はこげてしまう。
- イ．なんの変化もない。
- ウ　その他

○みんなの意見を聞いてから実験しましょう。

実験の結果

(2) それでは、次に紙のかわりに温度計を入れて同じようにやってみることにします。どうなると思いますか。
- ア．150℃ぐらいになる。
- イ．100℃ぐらいになる。
- イ．50℃ぐらいになる。
- ウ　全然かわらない。

実験の結果

－62－

(3) 図のようにコードの途中に電球（100W）をつけておきましょう。電球はどうなるでしょうか。
- ア　つく
- イ．暗くつく
- ウ．つかない

実験の結果

(4) それでは上の図のようにしておき、箱を水道の水の中に入れたら、電球はどうなると思いますか。
- ア　つく
- イ　暗くつく
- ウ　つかない

実験の結果

(5) (4)の水の中にベーキングパウダーを溶かすと電球はどうなりますか。また、温度計を水の中に入れるとどうなりますか。
- ア　つく
- イ　暗くつく
- ウ　つかない

- ア、100℃ぐらいになる。
- イ　50℃ぐらいになる。
- ウ　変化しない。

実験の結果

（研究問題）(3)において箱を牛乳の中に入れたら電球はどうなるでしょうか。
- ア　つく
- イ　暗くつく
- ウ　つかない

実験の結果

⑥ 実験より、パン原料の中には電気を通すものがあることがわかりました。また、熱も出ることもわかりましたね。これは電気を通すといっても、ずいぶん電気が通りにくいため熱が出るのです。それではパンを作ってみましょう。

〔パンの作り方〕
① ボールに牛乳100gと砂糖25gを入れよくかきまぜる。
② 小麦粉100gとベーキングパウダー大さじ1/2をまぜ、ふるいにかけながら牛乳にまぜる。
③ 粉のつぶつぶがなくなったらこれをパン製造器に流し込む
④ プラグをコンセントにさし込む。（この間はパン製造器や中のパンの原料に絶対さわらないこと。もしコードがはずれたらプラグを抜く。）
⑤ 湯気が出てきてしばらくしたら、プラグをコンセントから抜き、竹ぐしをパンにさしてみる。竹ぐしにパンの原料がくっつかなければでき上がり。
⑥ ナイフで箱からパンを切りはなし、箱のわくの部分を取りはずす。

－63－

図 10-4　成城学園初等学校理科研究部 技術教材テキスト集[15]

り成城学園初等学校の実践が最も古いものである。当時の成城学園初等学校「科学科」では、仮説実験授業を中心にした授業が実践されており、成城学園初等学校の庄司和晃、上廻昭、暁星小学校の吉村七郎が、仮説実験授業の提唱者である板倉聖宣や研究会員らと共同で研究していたことから、電気パンの教材活用も仮説実験授業に関わる教員間で広く共有されていたと考えられる。また、成城学園初等学校では公開の研究会を毎年開催し、そこで電気パン実験が掲載されている『技術教材テキスト集』等の紹介・配布をしていたことから、電気パンが成城学園を起点として多くの教員たちに広まっていったと考えられる。

なお、元中学校教員、元京都市青少年科学センターの職員であった杉原和男は、1981年に中学校の職員室で電気パンの使用経験がある教員と座席が隣になったことをきっかけに、電気パン焼き器の再現・教材を試みたと語っている[16)]。成城学園での電気パンの教材化の時期と重なるが、杉原が成城学園について言及していないことから、成城学園の実践を参考にしたのか、独自に開発したのかは定かではない。杉原は、科学教育研究協議会、京都パスカルなどに参加し、電気パンの実験器具の作り方や実験方法の紹介、『おもしろ実験・ものづくり完全マニュアル』（No.17）の電気パンの執筆を担当している。さらに京都市青少年科学センターの職員として、様々な科学実験・工作等の普及啓発を行っていることから、杉原も電気パンの普及に大きな役割を果たしていると考えられる。

3）1980年代の電気パンの実験教材としての普及

電気パンが掲載されている初期の書籍・雑誌として、大阪府私立中学校高等学校理科教育研究会・日本化学会近畿支部が執筆に関わった書籍『化学を楽しくする5分間』（No.8）や、科学教育研究協議会の雑誌『理科教室』（No.9）や、仮説社の雑誌『たのしい授業』（No.10）があり、それぞれ1984年に出版されている。80年代には、仮説実験授業研究会や科学教育研究協議会をはじめ、さまざまな研究会や大会等で電気パンの実験教材としての有効性が共有され、理科授業での活用法等について工夫・検討されていたことが推察される。

この頃は、1974年に高校進学率が9割を超え進学率向上による学力・学習意欲の低下や、1978年の「理科Ⅰ」必修化による物理履修者の減少など、様々な要因による理科離れが懸念されていた時期である。その打開策の中には、理科の学習事項と日常生活を結びつけたり、学習事項を活用したものづくりを通して有用性を体感させたりする実験教材の検討も含まれ、その一つとして電気パンが共有されたと考えられる。

さらに、80年代は終戦から約40年が経過した頃で「このパン焼き器は終戦直後のサバイバル用として各家庭で自作して用いられたもので、55才以上の方はこれを用いてパンを焼き、飢えをしのいだ経験を持つのではないだろうか」（No.15）や「使用体験のある同僚の先生の手振りでだいたいのサイズと構造を再現しました」（No.17）にあるように、終戦後に電気パンを実体験した人が、現役のベテラン教員として活躍している時代であったことも、教育現場に普及した一因であろう。

1980年代も半ばになると、一部の熱意ある教員の間だけで共有されていた電気パンを多くの教員に紹介して共有するために、雑誌や書籍等でも報告されるようになる。この電気パンを教育現場に広く普及拡大させるきっかけとなった1980年代に出版された文献を以下に5つ挙げる。

①「ホットケーキを焼く — 電解質水溶液の電導性」（化学教育編集委員会）『科学を楽しくする5分間 — 手軽にできる演示実験』化学同人、1984年4月（No.8）

②「電気パンやき」（黒田弘行）科学教育研究協議会編『理科教室』新生出版、1984年9月号（No.9）

③「電気パン焼き器」（高村紀久男）仮説実験授業提唱の板倉聖宣が編集代表の雑誌『たのしい授業』仮説社、1984年11月号（No.10）

④「電気パン焼き器を用いた生徒実験」（後藤道夫）『SUT BULLETIN』24、東京理科大学出版会、1986年6月（No.12）

⑤「パン屋もびっくり電気パン」（長野勝）愛知・岐阜物理サークル編『いきいき物理わくわく実験』新生出版、1988年（No.13）

これらの執筆者が、①中学・高校の化学教員、②小学校教員、③・④・⑤高校物理教員であることから、対象が小学校から高校まで、目的や内容が理科から化学・物理まで広範にわたっていることがわかる。

この5つの文献で紹介されている電極式のパン焼き器は、容器の材料が異なっている。成城学園初等学校[14) 15)]や暁星小学校（No.7）の電気パン焼き器は「製作できる自信」を育てる教材であるため、終戦直後の電気パン焼き器と同じように木製で、木や釘を使用して製作させている。また、杉原が『おもしろ実験・ものづくり完全マニュアル』で紹介した電気パン焼き器も、同僚教員の終戦後の使用体験を再現するところから教材化を試みているため木製である(No.17)。そして、②『理科教室』[17)]、④『SUT BULLETIN』[18)]も同様に電気パン焼き器は木製である。

一方、この時期は多くの教員・生徒が手軽に1日に複数回の実験が行えるように、汎用性を高めるための工夫も行われており、①『化学を楽しくする5分間』、③『たのしい授業』、⑤『いきいき物理わくわく実験』では、木製容器ではなく牛乳パックを利用した電気パン焼き器が紹介されている。しかし、それぞれ使用する牛乳パックの大きさや加工方法が少し異なっている。

①『化学を楽しくする5分間』では、1L牛乳パックをそのまま縦置きにした容器と、500 mLパックを横置きにした容器の2種を、③『たのしい授業』も500 mL牛乳パックを寝かせて横置きにしたものに開口部を設けた容器を使用している。成城学園の『理科テキスト1989年版』の電気パン焼き器は、1L牛乳パックを寝かせたパン焼き器で、この牛乳パック製のパン焼き器を各児童が製作して持ち帰り、自宅でも電気パンをつくっている（このテキストでは、電気伝導性等の実験を木製容器で、電気パン焼き器の製作とパンづくりを牛乳パック容器で行っている)。

そして、湘南学園小学校の高橋愼司の1987年度関東地区研修会理科部会の報告（No.39）や、⑤『いきいき物理わくわく実験』(No.13）では、縦置きにした500 mL牛乳パックの上部を水平に切断して作成した容器をパン焼き器として使用する、現在最も一般的な方法が紹介されている。これらが現在主流になっている牛乳パック縦置き容器を使用した電気パン焼き器の先駆けだといってよいだろう。

上記の5つの文献は、さまざまな理科教育サークルや研究会や大会等で共有されていた電気パンを多くの理科教員に広めるきっかけとなり、500 mL牛乳パックを使用した汎用性の高い電気パン焼き器の登場が、さらに普及を拡大させたと考えられる。

表10-3　初期の電気パン焼き器の素材

文献	素材
成城学園初等学校『経験教材テキスト集』1981年 成城学園初等学校『技術教材テキスト集』1983年	木製容器 ※1989年『理科テキスト集』には1L牛乳パック横置きも掲載
①『科学を楽しくする5分間』1984年	1L牛乳パック縦置き 500 mL牛乳パック横置き
②『理科教室』1984年	木製容器 ※1L牛乳パック横置きも紹介
③『たのしい授業』1984年	500 mL牛乳パック横置き ※木製容器も紹介
④『SUT BULLETIN』1986年	木製容器（蝶番付き）
湘南学園小学校の高橋愼司の発表資料1987年	500 mL牛乳パック縦置き
⑤『いきいき物理わくわく実験』1988年	500 mL牛乳パック縦置き

さらに、電気パンの普及には雑誌・書籍等だけでなく、それぞれの執筆者やその周辺教員らの活動の影響が大きいことも推察される。

④『SUT BULLETIN』で「電気パン焼き器を用いた生徒実験」（No.12）を報告した後藤道夫は、当時工学院大学附属高等学校物理教論で、理科離れ対策の一つとして1991年に開催された「中学・高校生のための科学実験講座」（日本物理教育学会主催）や、翌1992年から現在まで全国各地で実施されている「青少年のための科学の祭典」の設立に関わり、科学技術博物館で行われた全国大会の実行委員長を務めた人物である[19]。また、いわゆるお楽しみ・おもしろ実験を集めて掲載した書籍の先駆けとなる『いきいき物理わくわく実験』の執筆者は愛知・岐阜物理サークルに所属する物理教員で、彼らは「中学・高校生のための科学実験講座」に先駆けて1990年に「親子で楽しむ科学広場」

（岐阜物理サークル主催）を開催し1000人以上の参加者を集めている[20]。これらの教員による実践報告・イベント・書籍等が、生徒に響く教材を探していた関心度の高い教員どうしの人的交流・情報交換を促進したと考えられ、教員間のネットワークの拡大が電気パンの普及に大きな役割を果たしたといえよう。

4）1990年代以降の電気パンの普及拡大・定着と近年の減少

90年代になると、『イベントを盛りあげる 科学実験 お楽しみ広場』（1992、No16）、『おもしろ実験・ものづくり完全マニュアル』（1993、No17）、『たのしくわかる化学実験事典』（1996、No19）、『たのしくわかる物理実験事典』（1998、No.25）のように、イベント・ものづくり・化学・物理の多様な実験書など、30以上の書籍や雑誌で電気パンが取り上げられ、理科授業、文化祭や科学部の活動、科学館等での科学教室等で実施される定番実験として多くの教員に共有された。

2000年代には、高校の教科書「理科基礎」（東京書籍、2002、No.48）「科学と人間生活」（第一学習社、2011、No.49）にも掲載され、電気パンは理科実験教材の一つとして広く知られ定着した。

その一方で、ステンレス電極板からの金属の溶出（No.26、30）、小麦粉・牛乳等のアレルギー、病原性大腸菌O157等による食中毒などの理由から、実験でつくったパンを食べることの危険性や、感電事故の危険性等の問題が指摘されるようになる。さらに、保護者やマスコミなどから学校の安全管理への要求が一層高まり、近年は理科授業で電気パンはあまり実施されなくなっている。

3. 電気パンの工夫・改善例

(1) 電気パン実験の工夫・改善を検討している文献

表10-1で挙げた49の文献では、電気パンの原理や実験方法や実践事例に加え、失敗例とその改善方法や工夫例も報告されている。これら多くの教師・研究者による工夫・改善によって、電気パンは特別な装置や技術や経験がなく

てもできる手軽で汎用性の高い実験になった。以下に代表的な工夫・改善例を挙げる。

1）直流で電気パンを作ると電極が溶出してしまい緑色に変色するため、電気パンを行う際は直流電源ではなく交流電源で行う（No.11）。

2）電源コードがコンセントに刺さったまま、ワニ口クリップがステンレス板からはずれてしまうと、ワニ口クリップどうしが接触してショートしてしまうことがある。このショートによる事故を防ぐため、プラグからワニ口クリップまでの2本の電源コードの長さを変え、外れたときにクリップどうしが直接触れることがないようにする（No.10）。

3）電極板どうしが触れショートする事故を防ぐために、回路中に消費電力の大きな電気器具やヒューズを接続し、万一極板どうしが触れたときにも大きな電流が流れることがないようにする（No.17）。

4）ステンレス極板と電源コードの接続部分（ワニ口クリップ等）が接触不良のとき、その部分が抵抗となって電極板自体が熱くなり、電極板に触れているパンだけが先に焼けてしまうことがある。電極板付近のパンだけが先に焼けてしまうと中央部のパン生地に電流が流れなくなって生焼けになるので、通電前に接続部分の状態を確認する（No.19）。

5）電極板を牛乳パック内の4面に配置するとパックの隅だけが加熱され全体には加熱されず生焼けになる。極板を2枚向かい合せに配置する方がうまくできる（No.24）。

6）パン生地中の水分が少ないと流れる電流が小さくなりうまく焼き上がらず時間もかかるが、水分を多めにすると流れる電流が大きくなりうまく焼き上がる。ただし、流れる電流が多いと、多くの班で一斉に電気パンを行う時に理科室のブレーカーが落ちることがある（No.23）。

7）電気パン焼き器を2個直列につなぐとできあがるまでに時間がかかるが、2個並列につなぐと1個の時と同じ時間で効率よく2個できる（中学生が発見）（No.22）。

(2) 電気パン実験の科学的な特性を研究している文献

電気パンに関して、実験方法や授業での活用方法の報告だけでなく科学的な研究も行われている。電気パンでは、通電すると次第に電流値が上昇して数分後に最大値になり、その後水分量の減少とともに電流値が低下すると解説される。しかし、実際には電流値の低下後にもう一度電流値が上昇し再度低下するので、電流－時間グラフが2コブ型になることが多い[21)]。この2コブ型になる原因がパン生地に含まれるデンプンで、含まれるデンプン量が多いほど2コブが顕著になることをあきらかにし、デンプンの糊化にともなうパン生地の電気伝導率の変化について報告されている（No.29）。

4. 電気パン実験と理科の学習内容との関連性

電気パンが児童生徒に好評なのは、実験後に食べられることがその理由の1つであろう。しかし、べっこうあめ、カルメ焼き、綿菓子、マヨネーズ、カッテージチーズ、豆腐づくりなども理科授業で活用されているのに、電気パンが広く長く親しまれてきたのは、食べられるものづくり実験だからだけでなく、電気パン実験の原理が理科の学習内容と広く関係するため、教師にとって魅力のある実験だからであろう。

以下に、電気パンの原理と関連する主な理科の学習事項を挙げる。

(1) 電解質水溶液の性質（中学校３年：水溶液とイオン、化学基礎：イオンとイオン結晶）

ホットケーキミックスには電解質である塩化ナトリウムや炭酸水素ナトリウム等が含まれる。水に溶かすとイオンが生じるため水溶液に電気が流れるので、ホットケーキミックスを水に溶かした状態である生焼けの時には電気が流れジュール熱が発生する（水溶液とイオン）。しかし、焼き上がった後には水分が蒸発して結晶が析出しイオンが存在しなくなるため、電気パンが焼き上がると電気が流れなくなる（イオン結晶の性質）。

(2) 電気回路とエネルギー（中学２年：回路と電流・電圧、電流・電圧と抵抗、電気とそのエネルギー）

電気パン焼き器を２つ直列に接続すると焼くのに時間がかかるが、並列に接続すると１つの時と同じ時間で２つ焼くことができる（回路と電流・電圧）。

電気パン焼き器に電流計を接続して電流（A）を測定することで、パン焼き器の抵抗（Ω）を求めることができる（電流・電圧と抵抗）。

電気パン焼き器に電流計を接続して電流（A）を測定して、パン焼き器の消費電力（W）を求めたり、電流－時間グラフや電力－時間グラフを作成して電力量（J）を求めたりすることができる（電気とそのエネルギー）。

電気パン焼き器は、電気エネルギーを熱エネルギーに変換して利用している（電気とそのエネルギー）。

(3) 炭酸水素ナトリウムの分解反応（中学２年：物質の分解、化学変化と化学反応式）

炭酸水素ナトリウムを加熱すると炭酸ナトリウムと二酸化炭素と水に分解される（物質の分解）。

ホットケーキミックス中のベーキングパウダーに含まれる炭酸水素ナトリウム（重曹）が熱分解して二酸化炭素の気体が発生し体積が増加するので電気パンは膨らむ（化学変化と化学反応式）。

(4) 化学反応の量的関係（化学基礎：物質量と化学反応式、化学：気体の性質）

炭酸水素ナトリウム２molが熱分解すると二酸化炭素が１mol発生し、その体積は標準状態で22.4 Lであることから、炭酸水素ナトリウムの質量から発生する二酸化炭素の体積を求めることができる（物質量と化学反応式）。

発生する二酸化炭素の体積は、炭酸水素ナトリウムの質量と温度と圧力から、気体の状態方程式を用いて求めることができる（化学：気体の性質）。

(5) 炭酸ナトリウム水容液の液性（化学基礎：酸・塩基と中和）

炭酸水素ナトリウムが熱分解すると炭酸ナトリウムが生じるので焼き上がった電気パンの中には炭酸ナトリウムが含まれる。炭酸ナトリウムの水溶液は塩基性のため、紫イモパウダー等を入れて電気パン実験を行うと通電前は弱塩基性なので紫色だが、焼成後は炭酸ナトリウムによって塩基性になり、パンが緑色に変化することを確認できる（酸・塩基と中和）。

(6) 水の蒸発熱（化学：化学反応と熱）

電気エネルギーを利用してパンをつくるが、水の沸点が一定で温度が100℃以上になることはないので、焼きすぎて焦げることはない。焼成中は湯気が盛んに発生していることを確認できることから、電気エネルギーが水の蒸発熱にも利用されていることがわかる（化学：化学反応と熱）。

(1)～(6)で挙げたように電気パンの科学的な原理が、理科の学習内容と

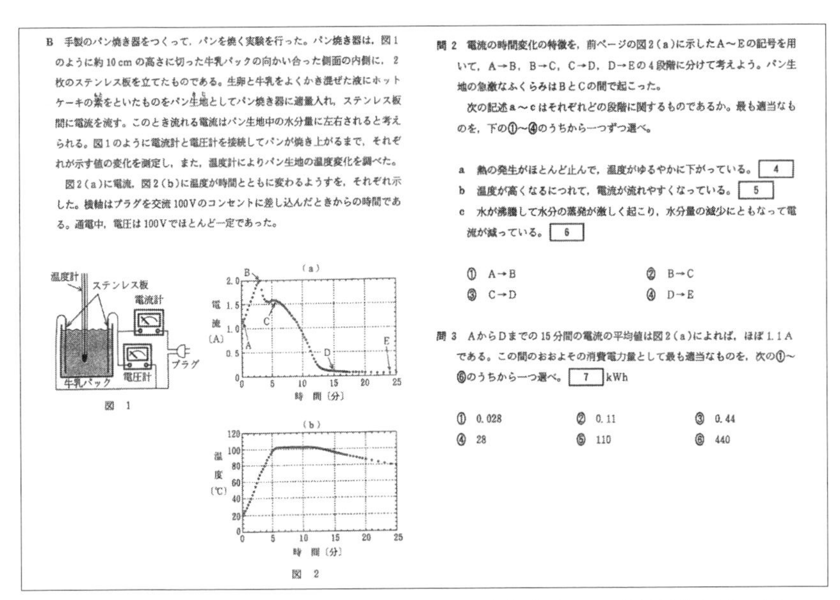

B　手製のパン焼き器をつくって，パンを焼く実験を行った。パン焼き器は，図1のように約10 cmの高さに切った牛乳パックの向かい合った側面の内側に，2枚のステンレス板を立てたものである。生卵と牛乳をよくかき混ぜた液にホットケーキの素をといたものをパン生地としてパン焼き器に適量入れ，ステンレス板間に電流を流す。このとき流れる電流はパン生地中の水分量に左右されると考えられる。図1のように電流計と電圧計を接続してパンが焼き上がるまで，それぞれが示す値の変化を測定し，また，温度計によりパン生地の温度変化を調べた。

図2(a)に電流，図2(b)に温度が時間とともに変わるようすを，それぞれ示した。横軸はプラグを交流100Vのコンセントに差し込んだときからの時間である。通電中，電圧は100Vでほとんど一定であった。

問2　電流の時間変化の特徴を，前ページの図2(a)に示したA～Eの記号を用いて，A→B，B→C，C→D，D→Eの4段階に分けて考えよう。パン生地の急激なふくらみはBとCの間で起こった。

次の記述a～cはそれぞれどの段階に関するものであるか。最も適当なものを，下の①～④のうちから一つずつ選べ。

a　熱の発生がほとんど止んで，温度がゆるやかに下がっている。［4］
b　温度が高くなるにつれて，電流が流れやすくなっている。［5］
c　水が沸騰して水分の蒸発が激しく起こり，水分量の減少にともなって電流が減っている。［6］

①　A→B　　②　B→C
③　C→D　　④　D→E

問3　AからDまでの15分間の電流の平均値は図2(a)によれば，ほぼ1.1 Aである。この間のおおよその消費電力量として最も適当なものを，次の①～⑥のうちから一つ選べ。［7］kWh

①　0.028　　②　0.11　　③　0.44
④　28　　⑤　110　　⑥　440

図10-5　平成13年度 大学入試センター試験 物理ⅠA試験問題 第1問

大きく重なるため、電気パンは雑誌や書籍で楽しいものづくり実験として紹介されるだけでなく、文部科学省の検定教科書にも掲載されている。例えば、高等学校『理科基礎』教科書（2002年検定：東京書籍）には電気エネルギーが熱エネルギーに変換される例として（No.48)、また、高等学校『科学と人間生活』教科書（2011年検定：第一学習社）にはジュール熱の利用の例として（No.49)、それぞれ電気パン実験が記載されている。

このように、電気パンは理科の学習内容と関わりが深いため、平成13年度大学入試センター試験「物理ⅠA」では、電気パンが題材の問題が出題されている（図10-5)。

5. 電気パンにおける電極板の種類と安全性

(1) 電気パン実験における電極の溶出を指摘する文献

電気パン実験で使用する電極板は、初期の文献ではアルミホイルを使用するものもみられるが、実際にはうまくいかないことが多く、ほとんどの文献で厚さ0.1 mmまたは0.3 mmのステンレス板が使用されている。しかし、以下の3つの文献では、ステンレス板から金属イオンが溶出する問題点を挙げ、ステンレス電極板を使用してつくった電気パンを食用にすることの危険性を指摘している。

1) 加熱したステンレス板を用いて焼いたホットケーキと、ステンレス電極板を用いて作成した電気パンを比較すると、ステンレス電極板を用いた電気パンでは変色箇所が見られたり黒い微粒子が存在した。また、電気パンと同様にステンレス電極板を用いてベーキングパウダー水溶液や食塩水に通電したところ、水溶液中に黒い微粒子が生じたり溶液が茶色に変色したりした（No.26)。

2) 蛍光X線分析の結果、電極にステンレス板を使用した電気パン中にニッケル・クロム・鉄の溶出が見られた（No.30)。

3) ステンレス電極板を用いて0.9％食塩水300 mLを5分間交流で通電したところ、約40 mgのステンレス板が溶出したことから、1日の予想最大曝露量を超える4.6 mgのクロムが溶出した（No.39）。

(2) 電気パン実験におけるステンレス電極の代替電極の検討を行っている文献

（1）の1)～3）などの文献によって電気パンを食べる際の安全性への配慮の必要性が指摘されてからは、ステンレス板付近のパンを食べないよう注意喚起をしながら行われてきたが、同時にステンレス板以外の電極も検討されている。

1）鉄：魚焼きやスチール缶の表面のコーティングや塗料を焼いて落として作成した鉄製電極板（No.35）。

この鉄板の使用を提唱した川村は、科学館等での実験教室において、この鉄製極板を用いて電気パンの実験を行っている。

2）備長炭：ファインカッターと切断砥石で板状にした備長炭の電極板。

遜色なくパンができるうえに金属の溶出がないため、食への安全性も高まり代替素材としての可能性はあるが、備長炭は硬いため特殊な機械・工具がない作成できない点が課題（No.38）。

3）グラファイトシート：高分子フィルムを約2000℃の高温で焼成して得られる、炭素純度99％以上のシート状グラファイトで柔軟性があり熱伝導率が高いためスマートフォン等の電子機器の熱を効率的に逃がすために使用されるグラファイトシートの電極板。

グラファイトシート電極での電気パンは、ステンレス電極と遜色がないうえに金属の溶出がないため、食への安全性も高まり代替素材としての可能性はあるが、強度が低く複数回の使用に耐えられないことや価格が高いことが課題（No.40）。

4）スズ：高純度スズの電極板。

電気パン100 gあたりに2.55 mg（17 ppm）のスズが溶出したが、食品衛生法で定めるスズ濃度の上限150 ppmよりも低いため、ステンレスの代替素材としてスズ電極の可能性を指摘（No.42）。

5）チタン：チタン製の電極板。

パン粉用のパンがチタン電極で製造されているように、食品衛生法でも認められ食への安全性も担保されているため、ケニス株式会社から電気パン用チタン板が4枚2160円で販売されている。

注および参考文献

1) 第Ⅱ部では「電気パン」の用語を用いるときは、特に言及しない限り、理科授業等で電極式のパン焼き器を用いてパンをつくる実験と、つくったパン自体の両方の意味を包含するものとする。
2) 電極式のパン焼き器では、通電によって発生するジュール熱でパン自体が発熱するので「パンを焼く」「パン焼き器」は、本来は誤りであるが、多くの文献で焼くという表現が用いられているので、第Ⅱ部では「パン焼き器」や「焼く」や「焼き上がる」を使用する。
3) 収集した資料中では多くの文献で電気パン実験の原理、電解質の存在による電気伝導性、通電によるジュール熱の発生、炭酸水素ナトリウムの熱分解によるに二酸化炭素の発生などについて解説されている。文献によってその内容や量に差はあるが、表10-1では以降の文献も「実験の原理の説明」と記載し、解説の内容等の差異については詳細に言及しない。
4) 参考文献として本文中の表10-1の資料を示すときは、表中の通し番号を（No.1）のように記載して示す。
5) 1988年発行『いきいき物理わくわく実験』には電気パン実験が掲載されていたが、2002年の改訂時には、安全性に配慮して削除したことが執筆者の運営する以下のWebサイトに書かれている。「ひろじの物理ブログ ミオくんとなんでも科学探究隊」。
https://ameblo.jp/hamgon1971/entry-11949524602.html
6) 部活動等の活動例として、例えば埼玉県立草加高等学校科学部の新入部員歓迎電気パンづくりなどがある。
https://soka-h.spec.ed.jp/blogs/blog_entries/index/190/limit:20?frame_id=231
科学館での電気パン活用例として、例えば東金子ども科学館「親子で遊べる科学教室」などがある。
http://www.tobunspo.or.jp/tsc/2018/annai.html
7) 山中和子『昭和二十一年八月の絵日記』トランスビュー、2001、p.13.
8) NHKアーカイブス「みんなの科学」https://www2.nhk.or.jp/archives/tv60bin/detail/index.cgi?das_id=D0009040076_00000
NHKのWebサイトには，放送記録として以下の4回が掲載されている。
1967.10.24･25 みんなの科学「たのしい実験室」パンを焼く，日暮照雄，塚越靖一
1969.6.3･4 みんなの科学「たのしい実験室」パンを焼く，金平隆，小堀信夫
1972.4.13･14,7.31,･8.1 みんなの科学「たのしい実験室」パンを焼く，桂田実，安井幸生，

田中穂積
1978.10.12･13 みんなの科学「たのしい実験室」蒸しパンをつくる，岡沢精茂，岩倉啓子，安井幸生
このうち，1969年，1978年は電気パンについて，1972年はオーブンでの一般的なパン焼きを扱っている。ただし，1967年放送分の内容は不明である。
http://mkagaku.jugem.cc「みんなの科学・たのしい実験室 — 想い出の広場」による。
9) NHK教育テレビ「みんなの科学」— たのしい実験室・科学実験グループ『みんなの科学　たのしい実験ファンクラブ』じっけんクラブ，第2巻第12号（通巻21号），1978, pp.8-9
10) 安井幸生氏へのインタビュー調査による。
11) 庄司和晃「仮称科学科経験科への志向」『教育改造』成城学園初等学校、54巻、1975、pp.14-15.
12) 上廻昭「私の教育実践：自信と楽しさ与える理科教材 — 科学教材と経験教材による実験研究は成立した」『月刊教育の森』毎日新聞社、第7巻第2号、1982、pp.119-123.
13) 成城学園初等学校元校長立木和彦氏、理科実験助手森山朋子氏へのインタビュー調査による。
14) 成城学園初等学校理科研究部『成城学園初等学校 経験教材テキスト集1981版』は、成城学園小学校の森山朋子氏が保管していた資料をお借りしたものである。
15) 成城学園初等学校理科研究部『成城学園初等学校 技術教材テキスト集1983版』は、湘南学園小学校の高橋愼司教諭が保管していた資料をお借りしたものである。
16) 杉原の以下のWebサイトに書かれていたが、現在はこのページは閉鎖されている。
電気パンの基本
http://web.kyoto-inet.or.jp:80/people/sugicom/kazuo/neta/butu8.html
17) 黒田弘行「電気パンやき」『理科教室』新生出版、1984（No.9）には牛乳パック横置きの実験例も参考として掲載されている。
18) 後藤のパン焼き器は、パンの取り出しが容易になるように木に蝶番を付けて開閉が容易になるように工夫されている（No.12)。
19) 後藤道夫「第1回『中学・高校生のための科学実験講座』からの報告（学会報告)」『物理教育』日本物理教育学会、第39巻第4号、1991、pp.296-298.
20) 後藤道夫「第1回『中学・高校生のための科学実験講座』の開催について（学会記事)」『物理教育』日本物理教育学会、第39巻第2号、1991、pp.116-119.
21) 図10-5の大学入試センター試験の問題中のグラフでも電流値の時間変化が2コブ型になっている。なお、2コブ型になる仕組みについては、第Ⅲ部の科学編で詳細に解説する。

第11章
大学教職課程「理科教育法」授業への電気パン実験の活用

中学・高校の理科授業で効果的な生徒実験を安全に行うにあたっては、事前に充分な予備実験が欠かせない。そこで、理科の教員免許取得のための大学教職課程における「理科教育法」の授業において、電気パンを題材に予備実験の必要性を体感させる実習・授業について検討する。

1. 理科実験における予備実験の必要性の理解

教師が電気パンを生徒実験で行うときには、事前に予備実験で以下の（1）予備実験における検討事項（2）安全に行うための配慮事項の確認等を検討・確認する必要がある。

(1) 予備実験における検討事項

1）実験に必要な器具の列挙・確認、必要数の準備、実験器具・装置等の製作
- ・ステンレス板を切断して必要な数の電極を作成したり、必要な長さのリード線を用意したりする等

2）使用材料の選定や分量の検討
- ・牛乳パックの高さやステンレス板の長さと合わせ、水と小麦粉の量を決める等

3）実験所要時間と実験設計の検討
- ・事前に計量した小麦粉を配布するのかそれとも生徒に計量させるのか等、作業に要する時間等の見積もり

(2) 安全に行うための配慮事項の確認等

1）安全装置としてのブレーカーや電球等の検討

・電気パン装置に安全装置として抵抗や電球を接続した場合としない場合の所要時間を比較し、生徒実験時に接続するかしないかを判断する

2）実験中のショート及びブレーカーが落ちたときの対処法・感電事故への対処方法

・実験室のブレーカーの位置とブレーカーが落ちるアンペアを確認する。

3）電気パンを食用にする場合の小麦粉や牛乳等のアレルギーへの配慮

・生徒のアレルギーを把握し使用材料や実験後の試食について検討する。

学生がこれまでに経験した中学や高校での実験や大学での実習では、上記の（1）（2）のようなことは教師によって事前に確認されており、学生は安全な環境で実験に必要な器具や試薬等がそろった条件下で実験・実習を行う。「理科教育法」を受講する学生はまだ研究室に所属する前であり、実験の事前準備や諸条件を検討するといった経験をしていない。したがって、上記の（1）（2）のような事前準備を、教師側が意図して学生に実施させない限り、未経験のまま教育実習に行って教員免許を取得することになってしまうため、このような、予備実験をさせる授業は必要であると考えられる。

上記（1）（2）の諸条件について予備実験を行って確認した後は、実際に生徒実験を行うために、以下の（3）考察の設定（4）実験設計（5）資料の作成などを行い、生徒実験の具体化をすすめる必要がある。

(3) 目的をふまえた考察の検討

・実験目的に合わせた実験計画および考察を検討する

(4) 授業時間内に実施するための実験設計（実験準備や時間配分等）

・実験の説明、作業、片付け、考察、ディスカッション、解説等について時間配分や具体的な作業手順・内容を検討する

(5) 実験資料の作成

・実験プリントのデザイン（構成・フォント・サイズ等）の検討、実験目的や手順等の言語化・文章化、実験図等の作成を行う

2. 教職課程「理科教育法」における電気パン実験の活用

教師が生徒実験を行う際には（1)～(5）について特に明文化された資料もないまま、経験を頼りに準備をすすめている。大学生にとっては未知の世界であり、いざ教師になって生徒実験を行う際に戸惑うことになるだろう。そこで、教職課程の授業「理科教育法」の「物理分野の教材・教具の製作・開発」「化学分野の教材・教具の製作・開発」(90分×2回）において「電気パンの実験を行うために、目的や生徒に課す考察を検討して予備実験を行い、生徒用実験プリントを作成する」を課題として提示し、理科授業で実際に生徒実験を行うことを想定した、実践的な教材開発の授業を行った。電気パンは実験の汎用性が高いため、実験目的が明確でないと授業における実験の位置付けが不明瞭になり、実験の効果が薄れてしまう。そこで、はじめに以下の（1）のどの学習時に電気パンの生徒実験を行うのか検討させ、実験の位置付けを明確にして、目的から考察まで一貫するように意識させてから予備実験を行わせるようにした。

(1) 理科授業における電気パン実験の位置付け（実験目的および到達目標等の設定）

1）イオン結合結晶の電気伝導性の理解

2）物質量（mol）の理解および計算法の習得

3）炭酸水素ナトリウムの性質および化学反応式の理解

4）オームの法則や直列・並列回路の性質の理解

5）消費電力（W）と電力量（J）および電気エネルギーの変換・保存則の理解

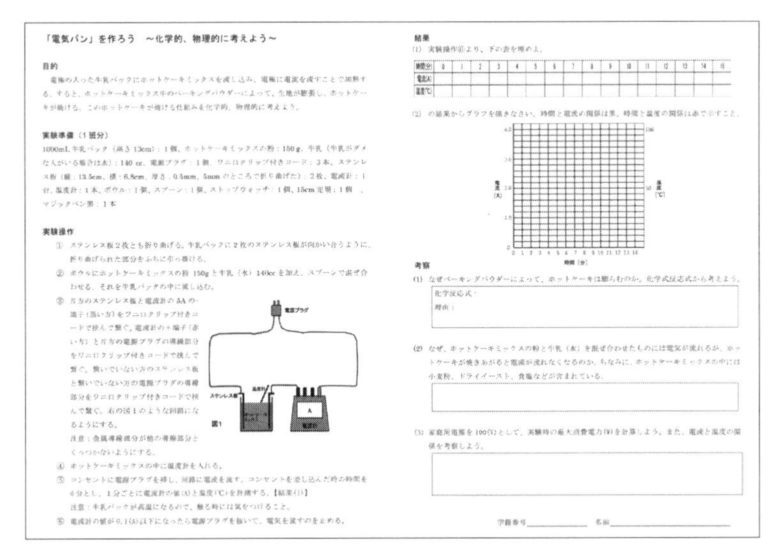

「電気パン」を作ろう　～化学的、物理的に考えよう～

目的

電極の入った牛乳パックにホットケーキミックスを流し込み、電極に電流を流すことで加熱する。すると、ホットケーキミックス中のベーキングパウダーによって、生地が膨張し、ホットケーキが焼ける。このホットケーキが焼ける仕組みを化学的、物理的に考えよう。

実験準備（1 班分）

1000mL 牛乳パック（高さ 13cm）：1 個、ホットケーキミックスの粉：150 g、牛乳（牛乳がダメな人がいる場合は水）：140 cc、電源プラグ：1 個、ワニ口クリップ付きコード：3 本、ステンレス板（縦：13.5cm、横：6.8cm、厚さ：0.5mm、5mm のところで折り曲げた）：2 枚、電流計：1 台、温度計：1 本、ボウル：1 個、スプーン：1 個、ストップウォッチ：1 個、15cm 定規：1 個　、マジックペン黒：1 本

実験操作

① ステンレス板 2 枚とも折り曲げる。牛乳パックに 2 枚のステンレス板が向かい合うように、折り曲げられた部分をふちに引っ掛ける。

② ボウルにホットケーキミックスの粉 150g と牛乳（水）140cc を加え、スプーンで混ぜ合わせる。それを牛乳パックの中に流し込む。

③ 片方のステンレス板と電流計の 5A の－端子（黒い方）をワニ口クリップ付きコードで挟んで繋ぐ。電流計の＋端子（赤い方）と片方の電源プラグの導線部分をワニ口クリップ付きコードで挟んで繋ぐ。繋いでいない方のステンレス板と繋いでいない方の電源プラグの導線部分をワニ口クリップ付きコードで挟んで繋ぐ。右の図 1 のような回路になるようにする。

注意：金属導線部分が他の導線部分とくっつかないようにする。

④ ホットケーキミックスの中に温度計を入れる。

⑤ コンセントに電源プラグを挿し、回路に電流を流す。コンセントを差し込んだ時の時間を 0 分とし、1 分ごとに電流計の値(A)と温度(℃)を計測する。【結果(1)】

注意：牛乳パックが高温になるので、触る時には気をつけること。

⑥ 電流計の値が 0.1(A)以下になったら電源プラグを抜いて、電気を流すのを止める。

結果

(1) 実験操作⑤より、下の表を埋めよ。

時間(分)	0	1	2	3	4	5	6	7	8	9	10	11	12	13	14	15
電流(A)																
温度(℃)																

(2) の結果からグラフを描きなさい。時間と電流の関係は黒、時間と温度の関係は赤で示すこと。

考察

(1) なぜベーキングパウダーによって、ホットケーキは膨らむのか。化学式反応式から考えよう。

化学反応式：

理由：

(2) なぜ、ホットケーキミックスの粉と牛乳（水）を混ぜ合わせたものには電気が流れるが、ホットケーキが焼きあがると電流が流れなくなるのか。ちなみに、ホットケーキミックスの中には小麦粉、ドライイースト、食塩などが含まれている。

(3) 家庭用電源を 100(V)として、実験時の最大消費電力(W)を計算しよう。また、電流と温度の関係を考察しよう。

学籍番号＿＿＿＿＿＿　名前＿＿＿＿＿＿＿＿＿＿

図 11-1　学生が作成した生徒用実験プリント

電気パンの予備実験の実施にあたっては、学生が自由に実験できるように材料・器具・工具等を準備し、3 ～ 4 名の班で主体的・対話的な環境下で予備実験等に取り組ませた。図 11-1 に、学生が作成した生徒実験用プリントの例を示す。

学生は、電気パン実験をどの学習内容の授業で活用するのかを設定し、実験目的や考察等を検討したうえで、授業時間内に実施可能な生徒実験の設計を行っていた。電気パンの予備実験は、班内だけでなく他の班とも実験結果や解釈を共有して意見交換しながらすすめられ、全学生が生徒用実験プリントを作成することができた。

電気パン実験を題材にすることで、電気分野に苦手意識を持つ生命科学部の学生向けに、実験目的や考察の検討、教材の製作、生徒実験の設計、実験プリントの作成等の体験を通して予備実験の意義を体感させることができたことから、「理科教育法」における実践的な教材開発の授業において、電気パン実験の活用は有効であるといえる。

第Ⅱ部　教育編のまとめ

教育編では、電気パンの教育活用について調査するために、電気パンを含む教育関連の文献を収集・整理して分析を行った。

電気パンは、終戦直後から学校で教材として活用されたことが、教師用指導書や実際に学校で電気パン焼き器を作成した小学生の絵日記や研究を行った中学生の発表資料等からあきらかになった。一方で、その後の 1950 年代から 70 年代には電気パンの教育活用に関する記録は見られなかった。

1970 年代後半から 80 年前半にかけて、成城学園初等学校や暁星小学校などで仮説実験授業を研究・実践する教師らによって電気パンが教材化され、試行した教師や授業を受けた児童からも高い評価を受けた。80 年代に化学教育編集委員会編『化学を楽しくする 5 分間』、仮説社『たのしい授業』、科学教育研究協議会編『理科教室』、後藤道夫著「電気パン焼き器を用いた生徒実験」、岐阜・愛知物理サークル『いきいき物理わくわく実験』などに電気パンが掲載され、生徒の心に響く教材を探していた関心度の高い教師達に広まった。この時期にこれらを執筆した教師が所属するさまざまな研究会やサークルや大会等で共有され授業での活用方法等が検討されていたことや、彼らも運営者となって参画する「青少年のための科学の祭典」等の科学実験・工作イベント等がこの時期に開催され始めたことが、電気パンの普及拡大に大きな役割を担っていたと考えられる。

電気パンは、小学校から大学院までの幅広い校種だけでなく児童養護施設や科学館等までのさまざまな場所で、また、理科授業だけでなく科学部の活動や文化祭の出し物等のさまざまな機会で取り組まれていること、さらに、電気回路・エネルギー・電解質の性質等のさまざまな学習内容において実験教材として活用されていることが、収集・整理した資料からあきらかになった。

一方で、ステンレス電極成分がパンに溶出することから、電気パンを食べることの危険性が指摘されており、ステンレスに代わる材料として備長炭、鉄、グラファイトシート、スズ、チタンなどが検討されている。しかし現状では、ステンレスに代わる最適な電極素材はなく、電極付近を食べないように注意を払いながら行われている実状があきらかになった。

第Ⅲ部　科学編

今日、電気エネルギーを熱エネルギーに変えて利用するためのいろいろな器具が市販されている。本書では、第二次世界大戦後の物資が少なかった時代に、家庭で自作され広く活用された電極式のパン焼き器および炊飯器に関して、第Ⅰ部では歴史的経緯について、第Ⅱ部では電気パンの教育活用について調査した結果をまとめ報告した。

第Ⅲ部では、電極式パン焼き器および炊飯器について、科学的な見地から性能や特性を調査・検討した結果をまとめ報告する。電極式調理の具体的な性能や特性を、科学的に研究するに至った経緯は以下の通りである。

神奈川大学では、電極式パン焼き器の熱効率などが、実際にはどのような性能だったのかを調べる実験を、理学部開設当初の1990年から現在に至るまでの約30年にわたって2年次の基礎科目「物理学実験I」に取り入れてきた。これまでの学生実験によって、電極式パン焼き器は、木箱に電極を2枚入れただけの簡単なものながら、オーブンのようにパン素材に外から熱を加えるのではなく内側から発熱するため、熱損失が少なく熱効率が良いこと、また、マイコン等の制御装置がなくても、焼き上がると自動的に電流が切れることなどの優れた性質を持つことがわかった。

この学生実験の結果を踏まえ、さらに科学的な調査を進めることになったきっかけは、2000年頃に東京の昭和のくらし博物館で電極式パン焼き器の再現展示を見た際に、学生実験用パン焼き器を寄贈したことが縁で、小泉和子館長から2016年8月の企画展「パンと昭和」[1]で、電極式パン焼き器を再現する実験を依頼されたことである。

実験解説のために電極式調理に関する調査を始めたところ、大阪市立科学館学芸員の長谷川能三が2013年に行った電極式炊飯器「たからおはち」の再現実験の報告の中に、教育現場でよく行われている牛乳パックを利用した電気パンの装置では「電極間の距離が長いため電気抵抗が大きく、炊飯するだけの熱量とはならなかった」[2]と指摘しているのを見つけた。これは、極板を対向立置きにした装置では、パンを焼き上げることはできても、炊飯は難しいという指摘であるが、これまで学生実験で電極式パン焼き器を活用してきた経験から、極板を対向立置きにした装置でも炊飯できると考え、極板間の距離や形状、添加する塩分量等について検討を繰り返し、極板対向立置きの装置で炊飯するための条件をあきらかにした（第13章）。さらに、電極式調理において電流の時間変化が2コブ型になる現象について、パン焼成時の小麦粉デンプンおよび炊飯時の米デンプンの糊化と、温度と電流の関係について詳細に検討し、その特性をあきらかにした（第12章から第17章）。

この間、イーストで発酵させたパン生地を電極式パン焼き器で焼成したパンを、パン粉に加工した電極式パン粉が、1955年頃に開発されて以降現在まで続いて製造・市販されていること知り、全国パン粉工業協同組合連合会や多くのパン粉メーカーへの聞き取り調査を行った結果[3]、電極式パン焼き装置の発明が、1935（昭和10）年[4]の陸軍の阿久津正蔵氏によるもので、阿久津が昭和8年に開発した電極式炊飯器（電極対向立置き）の極板を、パン焼き装置兼用に改良し、パン焼きも組み込んだ九七式炊事車として実用化したことを確認した。1943（昭和18）年に阿久津正蔵が『パン科学』で報告した陸軍の電極式発酵パン焼き器が[5]、戦後の1946（昭和21）年5月には、ふくらし粉による電極式パンとして『主婦の友』に紹介されて一般に広まった[6]。その様子として「手製のパン焼き器でパンを焼くこども」の写真が毎日新聞社に[7]、また、当時使用された電気パン焼き器が博物館等に残っている[8]。そして、この電極式調理の技術がパン粉製造に発展し、電極式のパン粉製造におけるチタン極板使用に至るまでの安全性確保の歴史もあきらかにすることができた。

これら歴史的な経緯や事実の調査と並行して、それぞれについて科学的な側面からの検証も行った。例えば、電極板の安全性確保に向けたパン粉業界の取り組みを追認するためにステンレスおよびチタンの極板を使用してのパン焼きおよび炊飯実験の特性を調査した（第15章）。また、終戦後に一般に普及した小麦粉とふくらし粉を水で溶いた液状の生地を電極式のパン焼き器に入れて通電する一般的な電気パンだけでなく、パン粉製造と同様に、小麦粉を水で溶いたものにイーストを加えて発酵させた練り状のパン生地に通電する、電極式発酵パンの科学的な特性も調査した（第16章）。

現存する、電極式の調理器具として、2018年3月、TV朝日の番組「超イッテンモノ」で、三好日出一氏が所蔵する電極式炊飯器が、平塚市の旧火薬廠

（現横浜ゴム）の地下倉庫に終戦直後に保管されていた旧陸軍のものであることが紹介されたため、2018年10月に三好日出一氏を訪問し、現存する「厚生式電気炊飯器」と取扱説明書を確認したところ、戦後、国民栄養協会により1934（昭和9）年の日高周蔵の特許を応用して製品化されたことがあきらかになった[9]。さらに、この厚生式炊飯器は1946年5月頃から市販されたものであることもわかった[10]。2019年4月に、軍装研究家の高橋昇氏所蔵の1939（昭和14）年版4月期の陸軍糧秣本廠による九七式炊事車の給養器具取扱説明綴りを確認したところ、給養器具の使用方法にパン焼きに関する説明はなく炊飯に限定的だったことから、阿久津がパン焼きと炊飯を兼用できる炊事車を設計したものの、パン焼きは実用化されなかったことがあきらかになった。これら過去に実用化された電極式炊飯器である厚生式電気炊飯器やタカラオハチの調査と並行して、その性能を検証するために、それぞれのレプリカを製作して再現実験を行い、電極底面設置型の炊飯の特性をあきらかにし、電極対向立置き型の炊飯との比較・検討を行った（第14章）。

さらに、これまでの調査でふくらし粉やイーストを使用したパンを電極式のパン焼き器で焼く事例はあるが、卵を泡立てたスポンジケーキの作成事例はみられないため、電極式調理によるスポンジケーキづくりに取り組んだ。この電極式調理によるスポンジケーキの作成は、管見の限り本研究が最初のものとなる（第17章）。

第Ⅲ部では、電極式調理によるパン焼き・炊飯・スポンジケーキづくりにおける熱効率、電流と温度の時間変化と素材内のデンプン糊化や水の蒸発による電解質の析出等の関係について、また、極板の素材や形状や設置方法について、科学的な見地から研究を重ねあきらかにしたことを報告する。

註及び参考文献

1）小泉和子『パンと昭和』河出書房新社、2017.
2）長谷川能三「電極式炊飯器とその再現」『大阪市立科学館研究報告』大阪市立科学館、23号、2013、pp.25-30.
3）三重大学の松岡守教授に、電極式調理によるパン粉製造について情報提供したところ、パン粉メーカーへの調査を提案された。

4) 本稿では、原則として西暦で表記しているが、第二次世界大戦前後は、元号も付記する。
5) 阿久津正蔵『パン科学』生活社、1943、pp.455.
6) 河口豊「手軽にできる電極式パン焼き器の作り方」『主婦之友』主婦之友社、5月号、1946、p.37.
7) 毎日新聞写真特集「終戦直後の「食」配給だけでは生きられなかった」(2008年8月掲載) https://mainichi.jp/graphs/20171215/hpj/00m/040/001000g/16
8) 詳細は、第6章を参照。
9) 昭和のくらし博物館の渡辺由美子氏から情報提供を受け、Wikipedia管理者海獺氏と一緒に三好日出一氏の自宅を訪問した。
10) 詳細は、第3章を参照。

第12章

電極対向立置型の電極式パン焼き器の特性（薄力粉液状生地のふくらし粉パン）

1. 学生実験用の電極式パン焼き器の概要

神奈川大学理学部の学生実験で使用する電極式パン焼き器は木製で、木枠の厚さは 1 cm、木枠ケースの内寸は幅 6 cm、長さ 18.5 cm、高さ 10 cmであり（図 12-1 左図）[1]、できあがったパンが取り出しやすいように、底板が取りはずし可能な構造になっている[2]。

なお、電極式調理は、通電によって生じるジュール熱で加熱しているので、本来であれば「パン焼き器」は適切ではないが、第Ⅲ部においても便宜上「パン焼き器」「パンを焼く」「焼成する」などのように表現する。

学生実験では、幅 6 cm平行に離した 2 枚のステンレス極板（長さ 18 cm、高さ 10 cm）を木枠に挟んだパン焼き器にパン素材を入れ、2 枚のステンレス極板端子間に直に 100 ボルトの交流商用電源をかける。現在は、食品の安全性を考えチタン 1 種極板を使用しており、第Ⅲ部で報告するデータは特に記載がない限りチタン 1 種極板で測定したものである（第 15 章参照のこと）。

熱効率を求めるために、回路に電流計を直列に結線して電流を、パン素材に温度計を差し込んで温度を、それぞれ測定し、学生は得られたデータをもとに計算して熱効率を求めている（図 12-1 右図）。

なお、本研究では、この学生実験用の電極式パン焼き器を用いて、さまざまな条件を変えて繰り返し実験を行っていく。本文中で「実験用パン焼き器」と記載するときは、特に断りがない限り、図 12-1 左の学生実験用の電極式パン焼き器を示すものとする。

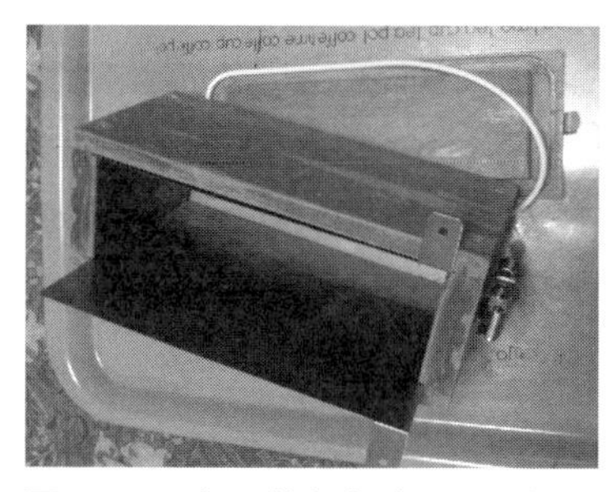

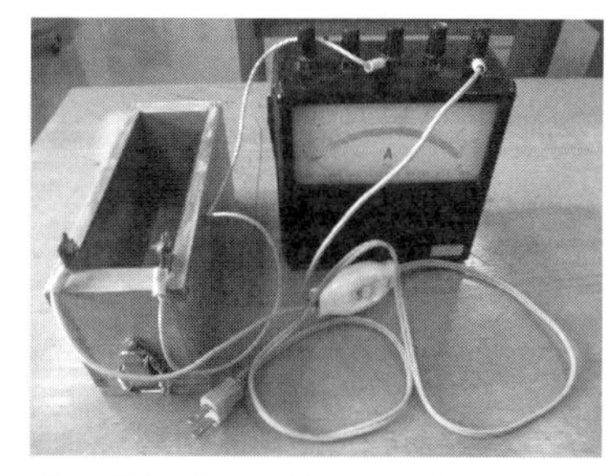

図 12-1　左：学生実験用の電極式パン焼き器（実験用パン焼き器）　右：電極式パン焼き器の実験の構成

2. 電極式調理における熱効率の計算方法

学生実験では、1946（昭和 21）年頃に家庭で広まった電気パンを再現するため、パン生地は、小麦粉（薄力粉）150 g にふくらし粉 6 g、食塩 0.4 g、砂糖 25 g（味付けのため）を加え、それらを 190 g の水で手早く混ぜ合わせた生地を使用する。この生地は水分が多いため流動性の高い液状の生地で、この配合を今後の実験における基本配合とする。なお、ふくらし粉で膨張させてつくるこのパンを、イースト発酵で膨張させるパンとは区別するために、今後は、ふくらし粉パンと表現する[3]。

ふくらし粉パンの液状の生地を、実験用パン焼き器に流し込み、電源をかけると、電力が最大で 420 W になり、8 分程度でパンが焼き上がる。パン焼き器の熱効率を計算するための基礎データを得るために、電源をかけてからパンが焼き上がるまでの間、電流を 15 秒おきに測定する。

電極式のパン焼き器で、通電によって温度が上昇し、焼き上がると電源が切れる原理は以下のとおりである。通電時、東京電力の 50 Hz 交流電源であれば、極板のプラスとマイナスは、1 秒間に 100 回入れ替わる。電源をかけると、電流のキャリヤである電子が、パン素材中の食塩などの電解質の電離によって生じるイオンに衝突し、衝突されたイオンがその電子の運動に相当するエネルギーを受け取るためジュール熱が発生する。さらに、熱エネルギーがイオンから周囲の水分子やデンプンの分子等に移動し、パン素材の温度が上昇するとともに、その熱の多くが水の蒸発にも使用される。蒸発によって水が減少すると、イオンになって溶出していた食塩などの電解質が析出するため、電流のキャリヤとなるイオンが減少し、電流が切れる（ほとんど流れなくなる）。

熱効率は、加えた全電気エネルギー（J）に占めるパンを焼くために使用された熱エネルギーの割合から計算することができる。

電流が切れるまでに加えた全電気エネルギーは、時間とともに変わる電流を測定していくことで計算できる。1 Aの電流が1 Vの電圧の所を流れた時の電力が1 Wであり、1 Wの電力が1秒間に発生する電気エネルギーが1 Jである。例えば、電流の測定間隔の15秒間に、電流値が1 Aから3 Aに変化した場合に加えた電気エネルギーは、100 Vの交流電圧として台形の面積を計算すればよいので、次式より3000 Jとなる。

$$\text{15秒間の電気エネルギー} = \frac{(1\,\mathrm{A} + 3\,\mathrm{A}) \times 15\,\text{秒}}{2} \times 100\,\mathrm{V}$$

$$= 3000\,\mathrm{J}$$

パンが焼き上がるまでの間、図12-2のように15秒おきに電流を測定し、電流の時間変化のグラフにおける台形の面積を合算し、一定値として交流電圧値100 Vを掛け合わせれば、加えた全電気エネルギーを計算することができる。パンが焼き上がるまでの時間の電流値の総和（台形の合算）が1994 A・秒ならば、全電気エネルギーは19万9,400 Jになる。

一方、パンを焼くために使用された熱エネルギーは、パン素材中の水を元の水温の15℃から沸点の100℃まで上昇させるのに必要なエネルギーと、焼成時に蒸発した水の蒸発に必要なエネルギーとの和から求めることができる。

学生実験で使用するパン素材中の水は190 gで、この水を15℃から100℃に上げるためには、水1 gを1℃上げるのに1 cal必要であるため、1万6,150 calの熱エネルギーが必要である。

パンが焼き上がるまでに蒸発した水の量は、元のパン素材の重さから、焼き上がった時のパンの重さの差から求めることができる。蒸発した水の量を

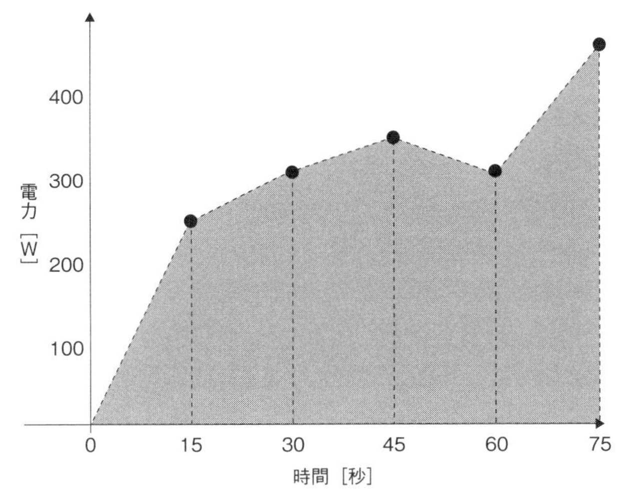

図 12-2　加えた電気エネルギーの計算モデル（台形の面積の合算）

31 g とすると、100℃の水 1 g を蒸発させるのに、蒸発熱 539 cal 必要なので、1 万 6,709 cal の熱エネルギーが必要である。パンが焼きあがるまでに使った全熱エネルギーは 1 万 6,150 cal と 1 万 6,709 cal を合わせて 3 万 2,859 cal となり、1 cal は 4.2 J と換算できるので、この全熱エネルギーは 13 万 8,008 J となる。

このパンを焼くための熱エネルギー 13 万 8,008 J を、加えた全電気エネルギー 19 万 9,400 J で割り算（(138,008 J ／ 199,400 J) × 100 = 69%）することによって、電気エネルギーを熱エネルギーに変換した時の熱効率が 69% 程度であると求めることができる。

加えたエネルギーのうち、パンを焼くのに使用されなかった残りの 31% は、パン焼き器の容器を温めたり、空気中に放出されるなどの無駄な仕事に使われたりしたことになる。しかし、石炭を燃やして沸かした蒸気でタービンを回して電気を作る、火力発電所の逆向きの熱効率の 35% 程度と比較すると、電極式のパン焼き器が、これでもかなり熱損失が少ない優れた器具であることがわかる。

3. デンプンの糊化と電解質の析出にともなう2コブ型電流特性の仕組み

学生実験において、小麦粉（薄力粉）150 g、ふくらし粉6 g、食塩0.4 g、砂糖25 g、水190 gの基本配合で、パン焼き実験を行ったときの電力（W）の時間変化を示したものを図12-3に示す。

電力は、時間とともに上昇して一度ピークをむかえた後に低下するが、その後もう一度上昇してから再度低下するため、電力のピークが2回ある2コブ型のグラフになる。

この電力（電流）の時間変化が2コブ型になる複雑な現象は、電力の時間変化（図12-3上：各時刻に対応する電力（電圧100 Vで割り算すれば電流値Aとなる））と、パン素材中の温度（主に水温）の時間変化（図12-3下）を、小麦デンプンの糊化や食塩等の電解質の析出と関連付けて検討することで説明できる。

電力の時間変化（図12-3上）と温度の時間変化（図12-3下）およびパン生地内で起こっている現象の関連性を詳細に検討すると以下の通りである。

電力は、通電開始直後は低いが、温度の上昇にともなって次第に上昇する。約2分後に温度が55℃になると、パン素材中の小麦デンプン粒子が吸水して膨張し、温度の上昇とともに糊化する。このデンプン粒子の吸水膨張による糊化によって粘度が増し、キャリヤの移動が阻害されるため電流が流れにくくなり、これまで上昇を続けた電力がここで一度低下に転じる。すなわち、電力の時間変化の第1ピークは、このデンプン粒子の吸水膨張の開始によるものである。

その後もデンプン粒子の吸水は続き、デンプン粒子の粘度が増して糊状に半固形化するため電力は低下し続ける。しかし、約3分後に68℃になるとデンプン粒子の膨張が限界に達して破裂し、糊化が終了して粘度が低下するうえに、ふくらし粉による発泡も落ち着くためキャリヤが移動しやすくなり、電力が低下から上昇に転じる。したがって、デンプン粒子の破裂による糊化の終了時が、電力の第1ピークと第2ピークの間の電力最低となる。

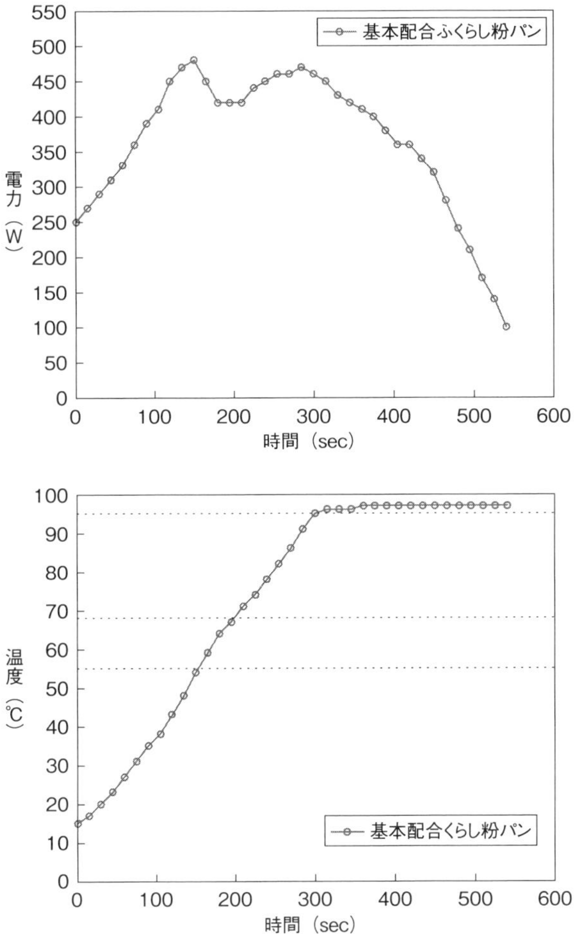

図 12-3　上：電力（電流）の時間変化（電力（W）は電流（A）× 100）下：温度の時間変化
（約 55℃で電力の第 1 ピーク、95℃で第 2 ピーク）

電力は、第 2 ピークに向けて再び上昇するが、約 5 分後にパン生地の温度が 100℃に達する頃には、パン生地中の水の蒸発量が大きくなる。その結果、食塩の析出が顕著になり、イオン数の減少にともなって電流が流れにくくなり、電力が再び低下に転じる。すなわち、水の蒸発による食塩の析出開始が第

2ピークの原因である。これが、電力の時間変化が、2コブ型（第1ピーク、第2ピークの2つのピーク）になる推移である[4)]。

後述するが、小麦、米のデンプン種によって、糊化の開始と終了の温度帯が異なるが、2つのピークができる仕組みは同じである（表12-1）。

表12-1　小麦粉デンプンと米デンプンの糊化温度帯と析出開始温度

	糊化開始 第1ピーク	糊化終了 最低電力	析出開始 第2ピーク
小麦粉（薄力粉）	55℃	68℃	95℃
小麦粉（強力粉）	50℃	63℃	95℃
米	60℃	93℃	95℃

電極式パン焼き器でパンをつくるときには、ほどよい味になるように食塩を加えてあるが、その塩分量が、適度の電流が流れるために必要な量にもなっていたことが、学生実験を通してあらためてわかった。

学生実験では、パン素材中の電解質の量による電流特性と熱効率の違いを考察するため、水150 g、ふくらし粉5 g、砂糖30 gに対して、実験1では塩が0.4 g（図12-4の×印）、実験2では塩が0.7 g（＊印）の、塩分量が異なる条件での実験も行っている。

前述の基本配合のふくらし粉パン（○印）の電流特性と比較したものを、図12-4に示す。また、この時の熱効率を示したものを表12-2に示す。

表12-2　基本配合ふくらし粉パンと学生実験パン1、2の熱効率

	塩	水	ふくらし粉	熱効率	完成
基本配合ふくらし粉パン	0.4 g	190 g	6 g	69%	8分
実験1	0.4 g	150 g	5 g	61%	10分
実験2（塩増量）	0.7 g	150 g	5 g	71%	9分

実験の結果、塩分量の多い実験2（＊印：塩0.7g）が最も早く第1ピークに達した。これは、電解質の塩の量が多いので電流が多く流れるためで、温度上昇が早くなることで小麦粉デンプンの糊化開始温度の55℃に達する時間も早

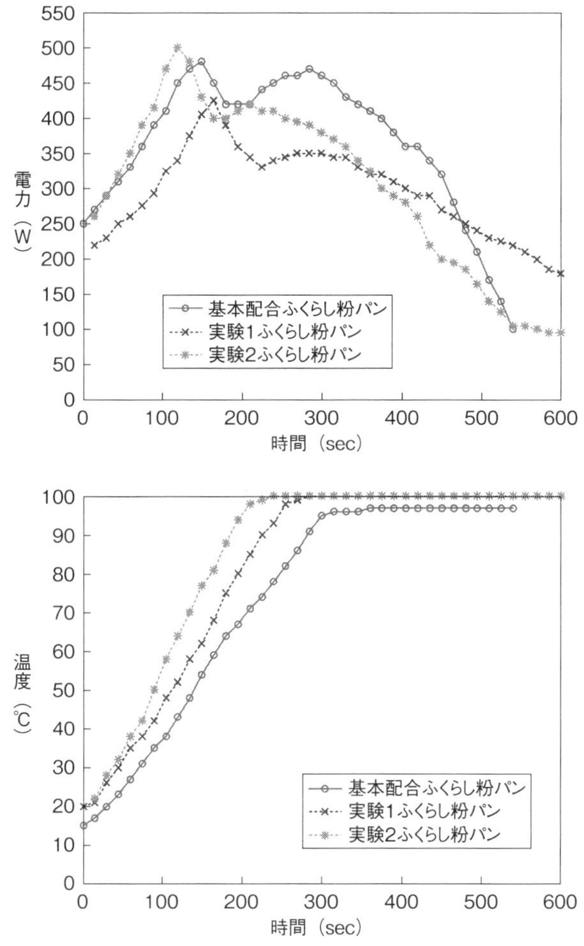

図12-4　上：基本配合ふくらし粉パン（○印）、実験1（×印：塩0.4g）、実験2（＊印：塩0.7g）の電力の時間変化
下：温度の時間変化

くなるからである。塩分量が多いと、電流が大きいためパンは早く焼き上がり、熱効率も上がることが実験結果からあきらかになった[5]。

4. ふくらし粉パンにおけるふくらし粉と食塩が電流特性に与える効果の比較

(1) 塩抜きのふくらし粉パンの電流特性の検討

ふくらし粉の主成分である重曹（炭酸水素ナトリウム）も弱い電解質である。学生実験の基本配合において、塩に比べ混ぜる量は多い。溶出したイオンは、3分後、パン生地素材の温度が約65℃に達すると、反応が始まり、重曹は炭酸ナトリウムと二酸化炭素（気体）と水に分解する。この二酸化炭素が泡となり放出されることで、パンは膨らむ。この気泡が、糊化により小麦粉デンプンが半固形化した際につぶれるのを防ぐ。

ふくらし粉の熱分解のピーク範囲は、メーカーによって異なる。アイコクベーキングパウダーの場合は、重量比で0.25が重曹で、他に添加物を入れることで、重層の発泡分解の終了温度を広げている（表12-3）。

表12-3　アイコクベーキングパウダー（ふくらし粉）と重曹の熱分解温度帯

	分解開始	分解ピーク	分解終了
ふくらし粉	60℃	93 ～ 96℃	96℃
重曹	60℃	85 ～ 94℃	94℃

基本配合のふくらし粉パンにおいて、塩とふくらし粉が電流の時間変化に、それぞれどのように影響するのか、個別にその効果を検討するため、基本配合から、塩を抜いた「塩抜きふくらし粉パン」（図12-5の×印）と、「塩入りふくらし粉なしパン」（＊印）でパン焼き実験を行った。電流の時間変化と温度の時間変化を、図12-5に示す。

実験の結果、塩とふくらし粉を含む基本配合ふくらし粉パン（○印）は、電力の時間変化が2コブ型になったが、塩抜きふくらし粉パンでは（×印）では第1ピークだけの1コブ型に、塩入りふくらし粉なしパン（＊印）では、2つのピークは明確ではないものの2コブ型になった。

塩あり（基本配合ふくらし粉パン：○印）と塩なし（塩抜きふくらし粉パン：×印）の電力の時間変化（図12-5上）を比較すると、デンプンの糊化開

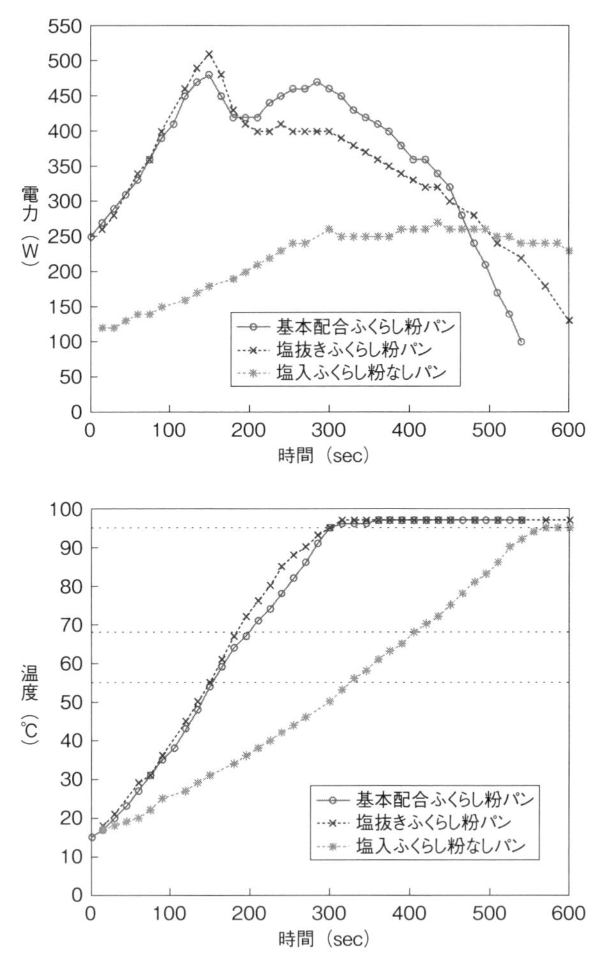

図12-5　上：基本配合ふくらし粉パン（○印）、塩抜きふくらし粉パン（×印：ふくらし粉6 g）、塩入りふくらし粉なしパン（＊印：塩0.4 g）の電力の時間変化　下：温度の時間変化．

始にともなって起こる電流の第1ピークまでの時間や形状がほぼ同じであった。したがって、電流の第1ピークは、ふくらし粉中の電解質によって起こっていること考えられる。しかし、塩抜きふくらし粉パン（×印）は、デンプン糊化終了時の電力最底を経た後に、電力は再上昇せず平坦のまま95℃になり、電解質の析出によって電力が再び低下したため、第2ピークはあらわれなかった。

一方、塩入りふくらし粉なしパン（＊印）の場合には、デンプンの糊化の開始温度で電流の第1ピークがあらわれ、さらに、95℃で塩の析出が始まり第2ピークもあらわれた。しかし、電力が弱いために温度上昇が遅く、2コブ型の電力のピークは明確ではなかった。

明確ではなかったものの、塩入りふくらし粉なしパン（＊印）で第2ピークがあらわれ、また、塩抜きふくらし粉パン（×印）では第2ピークはあらわれなかったことから、基本配合のふくらし粉パンの第2ピークは、塩の影響によって発現していると考えられる。

(2) 塩入りふくらし粉なしパンの解析

（1）の実験において、塩抜きふくらし粉パンで電流ピークが1つになった理由を探り明確にするために、また、塩入りふくらし粉なしパンの場合にみられた小さな2つの電力ピークを、電流を多くすることでより明確にして確認するために、以下の実験を行った。

塩入りふくらし粉なしパンの塩を0.4 gから0.7 gに増やした、塩増量ふくらし粉なしパン（図12-6の○印）と、小麦粉や砂糖を含まない塩と水だけの塩水（図12-6の＊印：水190 g、塩0.4 g）と、ふくらし粉と水だけのふくらし粉水（図12-6の×印：水190 g、ふくらし粉1.5 g）を用意し、通電時の電流の時間変化を比較した。電流および温度の時間変化を、図12-6に示す。

塩を0.7 gに増量した塩増量ふくらし粉なしパン（○印）に通電したときの電流の時間変化は、デンプンの糊化開始による第1ピークと、糊化終了および電解質の析出による第2ピークが温度変化にともなってあらわれる2コブ型を示した。この2コブ型は塩が0.4 gの時には明確ではなかったが、塩を0.7 gに増量すると明確になり、ピーク時の電力は440 W程度であった。

また、塩と水のみの塩水（＊印）の電力の時間変化は、通電開始から時間とともに単純に増加したが、約95℃になると0.3 A程度電流が低下し、その後は平坦になった。約95℃で電流が低下したのは、沸騰によって気泡が生じる

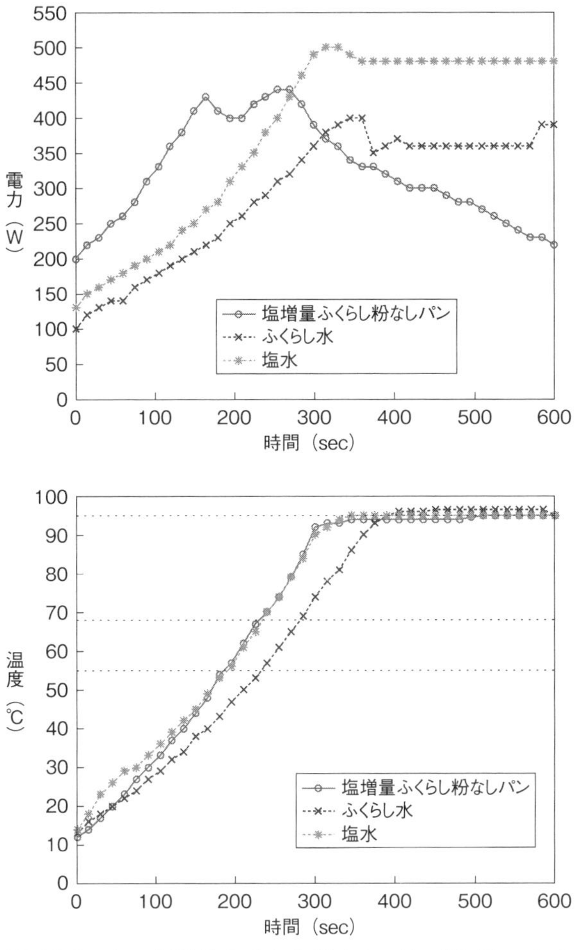

図 12-6　上：塩増量ふくらし粉なしパン（○印）、ふくらし粉水（×印：ふくらし粉と水のみ）、塩水（＊印：塩と水のみ）の電力の時間変化　下：温度の時間変化．

ためだと考えられる。

一方、ふくらし粉と水のみのふくらし粉水（×印）に通電したときの電力の時間変化は、通電開始後、水温の上昇とともに電力が増加するが、水温が約 90℃で増加が鈍り始め、約 93℃で電流が 0.5 A 程度低下し、その後は平坦になった。この間、約60℃で重曹の熱分解によって発生する炭酸ガスによる発泡がはじまり、約65℃で発泡が急激になり、発泡のピークは93℃～96℃であった。

約93℃で電流が0.5 A程度低下したのは、発泡によって極板に接する液量が減少するためであると考えられ、本実験で使用したアイコクベーキングパウダーの発泡のピーク93℃～96℃とも一致する。

ふくらし粉水の約93℃での電力低下は、基本配合のふくらし粉パンの電力の時間変化の第2ピークと重なる。つまり、図12-5上図の塩抜きふくらし粉パン（×印）において、第1ピーク後にデンプンの糊化終了による電力の最底を経た後に、電力が上昇せず平坦のままで、95℃の析出開始により電力が再び低下するため第2ピークがあらわれないのは、ふくらし粉中の重曹の発泡によって電流が停滞するためだと考えられる。

そこで、この塩抜きふくらし粉パンの電力の時間変化に第2ピークが生じない理由が、ふくらし粉中の重曹の発泡による電流の停滞が原因であることを検証するために、ふくらし粉（重曹を中和するための酸性剤等を含む）の代わりに、重曹（重曹はふくらし粉の0.25程度）を使用して同様の実験を行った。

その結果、ふくらし粉の代わりに重曹を使用したパンの電力の時間変化も、塩抜きふくらし粉パンと同様に、第1ピークはあらわれるが第2ピークはあらわれなかった。しかし、重曹を使用したパンでは、第1ピークのあとに平坦になるタイミングがふくらし粉パンの時よりも早く、デンプンの糊化終了による電力最底の後の電力が平坦の状態がより長く続いた。これは、重曹の発泡のピーク開始温度が、アイコクベーキングパウダーに比べ約8℃低いため（表12-2）、重曹を入れたものは発泡が早く起こるためだと考えられる。

したがって、塩抜きふくらし粉パンで、第2ピークがあらわれない原因が、重曹の発泡によって電極に接する液量が減少することが原因であることを裏付けることができた。

なお、重曹を単体で使った場合には、熱分解後にできる炭酸ナトリウムが苦くアルカリ性を示し、小麦が変色しパンが黄色くなる。熱効率は同程度である。

注および参考文献

1） 電極式パン焼き器の木製ケースは割れやすかったが、ケーエム工房の溝口潔氏が、耐久性を持つように木組みの改良を重ね製作した。現在は、パン焼き器の改良およびチタン極板の製作を（株）三矢製作所の小原美千代氏が行っている。
2） パン焼き器の木製ケースの底板に装着する適切なパッキンを、スケーター（株）営業部の奥田歩氏が見つけた。
3） ふくらし粉パンの基本配合に、卵や牛乳やバターなどを加えて蒸し器で蒸せば蒸しパンに、フライパン等で焼けばホットケーキになる。ホットケーキについては第17章で検討する。
4） この2コブ型のピークは、意外にも学生実験をしてみてわかったことであるが、岡田による先行研究がある
岡田直之「電気パンの電流値変化」『物理教育』第57巻第2号、2009、pp.85-90.
5） なお、学生による実験と異なり、基本配合のふくらし粉パンでは簡易電流測定器を用いた。また、温度も測定場所により多少異なるうえ、棒温度計による簡易測定であるため図12-4において、3つの結果を厳密に比較することはできない。

第13章

電極対向立置型の電極式パン焼き器による炊飯と炊飯時の電流特性の検討

本章では、戦後に一般家庭で自作されて普及した電極式パン焼き器や、いわゆる電気パンの実験で使用される、電極対向立置型の電極式パン焼き器を使用した炊飯を試みる。神奈川大学の学生実験で使用している実験用パン焼き器で炊飯の実験を行い、極板間の距離や添加する塩分量等を検討して、炊飯可能な条件を探る。

また、炊飯時の電流の時間変化が2コブ型になるのかどうか、また、デンプンの糊化の進行や水の蒸発による塩類の析出による電流への影響を、ふくらし粉パンの焼成時と比較・検討し、炊飯時の電流特性をあきらかにする。さらに、塩とふくらし粉による影響が、炊飯時においても、パン焼成時と同じかどうかを解析する。

1. 電極対向立置型の電極式パン焼き器による炊飯およびパン焼成時の電流特性との比較

電極対向立置型の電極式パン焼き器（以下、実験用パン焼き器とする）を使用した炊飯を、以下の手順で行った。はじめに米150 gを水洗いして水を切る。このとき、洗米によって米は14 g吸水した。つぎに、この米を、塩0.4 g（基本配合のふくらし粉パンと同じ塩分量）を加えた水230 gに入れて30分間浸した。その後、極板間隔6 cmの実験用パン焼き器に水と米を移して通電した。

なお、炊飯においては、約93℃でデンプンの糊化終了温度に達した時に装置にフタをして、23分で電流値が100 W程度まで下がった後に電源を切り5分蒸らした。

実験用パン焼き器で炊飯ができた様子を図 13-1 に、炊飯時の電力および温度の時間変化を図 13-2 に示す。

実験用パン焼き器を使用して炊飯を行ったところ、通電開始から 23 分後にご飯が炊けた。炊飯時の電力の時間変化は、パン焼きの時と同様に、電力の時間変化が 2 コブ型になった（図 13-2 上）。しかし、炊飯では第 1 ピークが、パン焼きのときの約 50℃よりも高い 60℃付近であらわれた。

炊飯時の第 1 ピークの温度が高いのは、表 12-1 に示したように、小麦デンプン（薄力粉）の糊化温度帯が 55℃～ 68℃であるのに対して、米デンプンの糊化温度帯が 60℃～ 93℃で、第 1 ピークの原因であるデンプンの糊化開始温度が、小麦の 55℃に比べ米の 60℃の方が高いためであり、基本炊飯の実験において 60℃付近が第 1 ピークになったことからも裏付けられる。

また、炊飯では、第 1 ピークから電力最低値までの時間が長く、電力の降下度も大きかった。さらに、第 2 ピークに向けた電力の上昇が短時間で小さいため、第 2 ピークが小さくなった。

これは、デンプンの糊化終了が、小麦粉デンプンの 63℃に比べて米デンプンでは 93℃と高いため、第 1 ピークと第 2 ピークの間の電力最低の違いの原因となる、糊化終了の 93℃までに長い時間を必要とするからであり、電力最低の時の温度が 93℃付近であることからも裏付けられる。そして、電力最低時の 93℃から、塩類が析出し始め第 2 ピークになる 95℃までの温度差が少ないため、第 2 ピークに向けて電力が上昇する時間が短くなり、上昇度も小さくなる。その結果、炊飯での第 2 ピークがパン焼きに比べて小さくなったと考えられる。

図 13-1　基本炊飯の炊き上がり

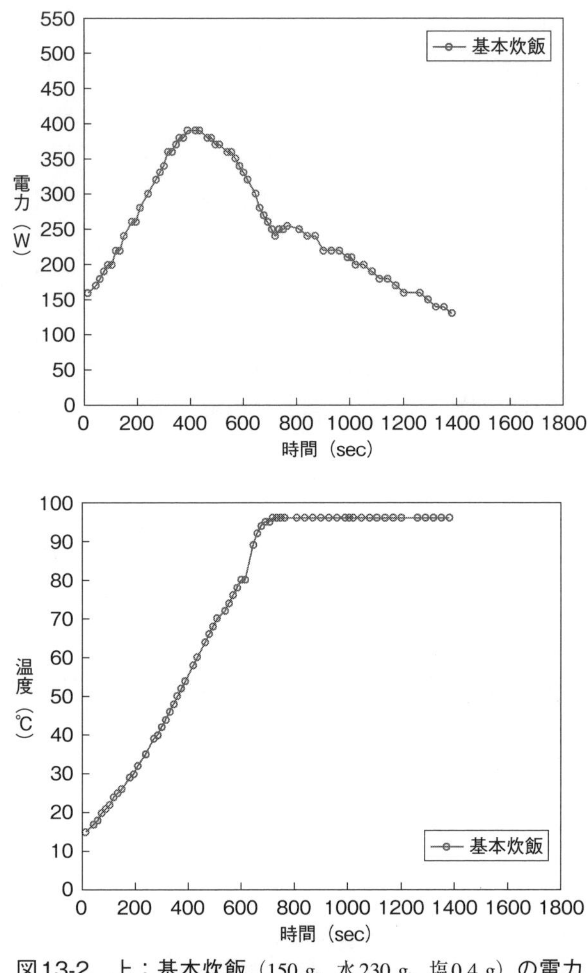

図13-2　上：基本炊飯（150 g、水230 g、塩0.4 g）の電力の時間変化　下：水温の時間変化

塩水炊飯（基本炊飯：図13-2○印）と、塩水パン（塩増量ふくらし粉なしパン：図12-6○印）の電力と温度の時間変化を比較すると、小麦と米のデンプンの種類の違いによって糊化開始と終了の温度帯が異なるだけで、糊化の進行と塩の析出にともなって2コブ型になる電流特性およびその仕組みが、両者で同じであることを実験によって確認することができた（表13-1）。なお、

炊飯時の熱効率は71％で、パン焼成時と同程度であった。

一方で、塩水炊飯（基本炊飯）と、塩水パン（塩増量ふくらし粉なしパン）では、できあがったものの食味・食感が大きく異なった。ふくらし粉を含まない塩水パンは、食べることはできるが、気泡がなくつぶれてしまうので、ゴムのような硬い弾力であった。脱穀が難しく粉食に適する小麦粉は、ふくらし粉等による気泡が食味・食感にいかに重要であることがわかった。しかし、米は粒食であり、炊飯後にもつぶれずにもっちりとした粘度を保つことができるので、ふくらし粉等を使用せずとも炊飯だけで適度な食味・食感となった。

2. 塩分量の炊飯時間への影響および電流特性に関わる塩とふくらし粉の効果の検討

本節では、炊飯時の塩分を増やすことによって、多くの電流が流れ、第1ピークの電力が大きくなり、炊飯時間が短くなると考え、第1節で行った基本炊飯と塩分を増やしたものを比較する実験を行った。

基本炊飯の塩0.4 gに水230 gに対して、塩増量炊飯は塩0.4 gに水200 gにして塩分濃度を高くしたものを用意し、電力および温度の時間変化、炊飯時間、熱効率を比較した。

また、電力の時間変化に関わる塩とふくらし粉の影響が、炊飯時もパン焼成時と同じかどうかを検証するため、基本炊飯の水230 gに塩0.4 gの代わりに、ふくらし粉1.0 gを加えたものを用意して比較実験を行った。電力および温度の時間変化を、図13-3に示す。

実験の結果、塩分を増量した炊飯（＊印）は、基本炊飯（○印）よりも、第1ピークの電力が高くなり、温度上昇も早いため炊飯にかかる時間が20分と基本炊飯の23分に比べて早かった。したがって、炊飯時の塩分を増やすことによって、多くの電流が流れ、炊飯時間が短くなることがあきらかになった。しかし、本実験では水分量が少ないため、炊飯後の米は硬かった。

また、塩水による炊飯である基本炊飯（○印）および塩分増量炊飯（＊印）ともに、電流の時間変化が2コブ型の電流特性を示した。

一方、電解質として塩の代わりにふくらし粉1.0 gを加えた、ふくらし粉に

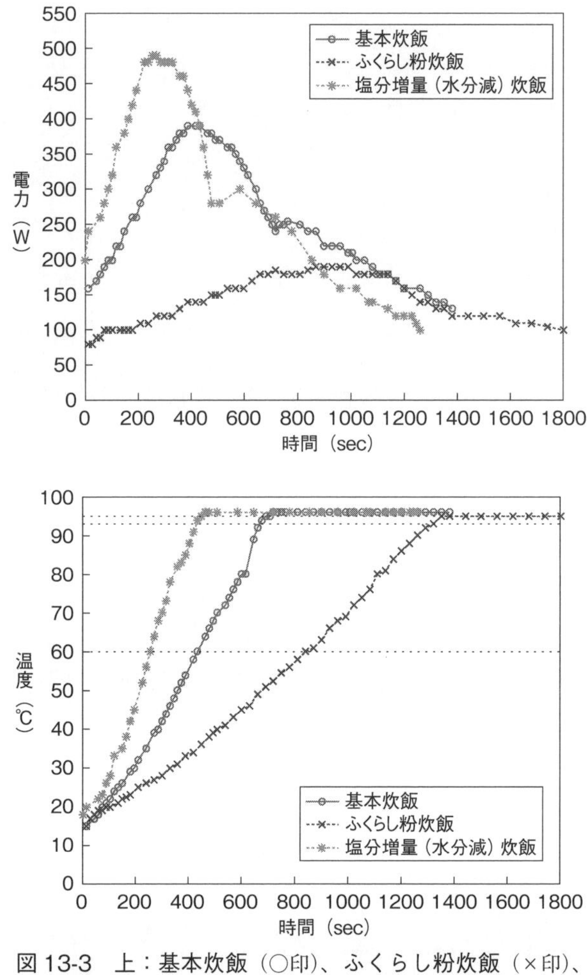

図 13-3　上：基本炊飯（○印）、ふくらし粉炊飯（×印）、塩分増量炊飯（＊印）、の電力の時間変化　下：温度の時間変化

よる炊飯（×印）では、米デンプンの糊化開始の約 60℃で、電流の第 1 ピークとなった後、電力は糊化終了温度の 93℃まで低下し、その後電力が平坦になったあと、電解質析出開始の約 95℃で再び電力が低下した。したがって、ふくらし粉炊飯（×印）では、第 2 ピークがあらわれなかった。

電解質として塩を入れていない、ふくらし粉水による炊飯（ふくらし粉炊飯：図13-3 ×印）と、ふくらし粉水によるパン焼き（塩抜きふくらし粉パン：図12-5 ×印）では、両方とも第2ピークはあらわれず、第1ピークのみの1コブ型の電流特性を示した。したがって、電力の時間変化に関わるふくらし粉の影響は、炊飯時もパン焼成時も同じであることがあきらかになった。

ふくらし粉による炊飯では、炊き上がるまでに27分かかり、熱効率は、調理時間が長いにもかかわらず70％程度であった。基本炊飯、ふくらし粉による炊飯、塩増量ふくらし粉なしパン（塩水パン）の、熱効率と炊き上がるまでにかかった時間を、表13-1にまとめて示す。なお、ふくらし粉の代わりに重曹を使用して炊飯した場合の熱効率も、同程度であった。

表13-1　塩水パンと炊飯実験の熱効率

	塩	水	ふくらし粉	熱効率	完成
基本炊飯	0.4 g	230 g	0 g	71％	23分
ふくらし粉炊飯	0 g	230 g	1 g	74％	27分
塩水パン	0.7 g	190 g	0 g	71％	15分

3. L字電極板を対向立置きにしたパン焼き器での水道水による炊飯と極板間隔の検討

(1) 電解質の種類および極板間隔と電流の関係の検討

おひつの底に電極板を設置し、水道水と米を入れ通電して炊飯する電極式炊飯器として、厚生式電気炊飯器や電極式炊飯器タカラオハチが、終戦後の1947（昭和22）年頃に市販されている[1]。

電極式炊飯器タカラオハチを所蔵・展示している大阪市立科学館学芸員の長谷川が、このタカラオハチの再現実験として、レプリカに水道水と米を入れて通電したところ、最大200 Wの消費電力に相当する電流が流れ、約30分で炊飯できたことを報告している。この報告の中で、タカラオハチで水道水による炊飯ができたのは、おひつの底にある2枚の極板の配置と形状が工夫されているためであるとし、電極を対向立置きにした電極式のパン焼き器に水道水とお米を入れても、電解質の少ない水道水では電流がほとんど流れず炊飯できないと結論していた[2)]。

そこで、長谷川の再現実験を追試するために、実験用パン焼き器（極板間隔6 cm）を使用して、電解質を入れずに水道水による炊飯（米150 g、水230 g）を試みた。その結果、6 Wに相当する電流しか流れず、炊飯することができなかった。しかし、電極間の距離を短くすれば炊飯できると考え、極板間隔と電力の関係を検討する実験を行った。

さらに、極板間隔6 cmのときには、水道水だけでは6 Wに相当する電流しか流れなかったので、電解質として塩、ふくらし粉、小麦粉をそれぞれ加え、電解質の種類と電力の関係も検討した。

具体的には、水温14℃程度の水道水（×印）、塩水（○印：水190 g、塩0.4 g）、ふくらし粉水（＊印：水190 g、ふくらし粉1.5 g）、小麦水（＋印：水190 g、小麦粉150 g）の4つを用意し、それぞれについて極板間隔を1 cmから6 cmまで1 cmずつ変えた6種の電流値（電力換算）を測定した。結果を、図13-4に示す。

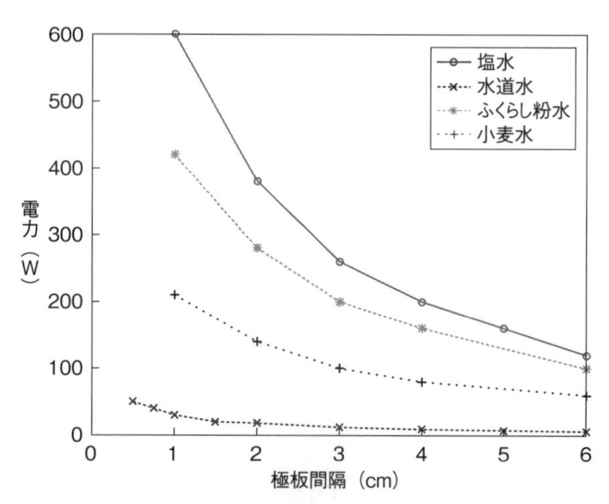

図13-4　塩水（○印）、水道水（×印）、ふくらし粉水（＊印）、小麦水（＋印）の極板間隔による電流変化（電力換算）

塩水（○印）、水道水（×印）、ふくらし粉水（＊印）、小麦水（＋印）の 4 つについて、極板間隔を 1 cm から 6 cm まで 1 cm ずつ変えて電流を測定したところ、極板間隔が狭くなるにつれて指数関数的に電流が増大した。

水道水 190 g に塩 0.4 g を入れた塩水では、同じ 6 cm の極板間隔の水道水の 20 倍の 120 W に相当する電流が流れた。極板間隔を 1 cm にすると、水道水でも塩水の場合でも極板間隔 6 cm に比べ、それぞれ 5 倍の電流が流れることを確認した。

水道水でも、極板間隔が 1 cm のときには電力が 30 W になることから、極板を対向立置きにした装置では、極板間隔が 6 cm では水道水による炊飯はできないが、極板間隔を 1 cm にすれば、水道水での炊飯が可能であることがわかった。

一方、小麦水は極板間隔が 6 cm でも電力が 60 W になるため、電解質を加えずに水道水だけでもパンが焼けることがわかった。

(2) L字電極板を対向立置きにしたパン焼き器での炊飯の検討

電極式炊飯器タカラオハチは、櫛の歯型の 2 枚同形の極板が、パン焼き器のように対向立置きではなく、おひつの底面上に、2 枚のそれぞれの極板の櫛の歯が互い違いに噛むように取り付けられており、2 枚の極板間隔は 1 cm 程度になっている。

2 枚の極板間隔が 1 cm 程度になっているのは、水道水でも炊飯に必要な電流が流れるようにするための工夫であり、実験用パン焼き器で対向立置きにした極板の間隔を 1 cm にした時と同等である。極板が対向する長さが、互い違いに噛んだタカラオハチの方がパン焼き器の 18 cm に比べ長くなるので、通電したところ、パン焼き器では電力が 30 W であるが、タカラオハチでは水道水でも、ほぼ 2 倍の 70 W に相当する初期電流が流れることになる。

そこで、電極対向立置き型の実験用パン焼き器でも、水道水で炊飯ができるように、2 枚の極板の下部を折り曲げてL字型に加工し、パン焼き器の底面の中央で極板間隔が 1 cm 離れて向き合うように成形した。L字電極を対向立置きにした試作器を図 13-5 に示す。

図 13-5　底部の極板間隔が 1 cm の L 字電極対向立置型実験用パン焼き器

製作したL字電極対向立置き型実験用パン焼き器に、水道水と米を入れて通電し炊飯した。炊飯時の電力と温度の時間変化を、図 13-6 に示す。なお、比較のために、塩を 0.4 g 入れて行った基本炊飯のグラフ（図 13-2 ○印）も転記した。

底面での極板間隔が 1 cm のL字電極を設置した実験用パン焼き器（図 13-6 ×印）を使用して、水道水と米だけで炊飯したところ、電解質を加えていない水道水だけでもご飯を炊くことができた。しかし、電流はピークで電力 120 W に相当する電流しか流れず、大阪市立科学館のタカラオハチの再現実験の約半分程度であった。また、電力が小さいため、0.4 g の塩を加えた基本炊飯では 23 分で炊けたものの、L字電極対向立置型の実験用パン焼き器による水道水炊飯は 58 分かかった。

また、水道水による炊飯では、塩水での炊飯のときのようにデンプンの糊化の進行にともなう 2 つの電流ピークはあらわれず、蒸発開始にともなう第 2 ピーク 1 つだけの 1 コブ型のグラフとなった。この詳細については次章で議論する。

注および参考文献

1）長谷川は、1946（昭和 21）年に実用新案が出願されたタカラオハチが、いつ頃販売されたのかについては報告書中では触れていない。取扱説明書に製造元の富士計器株式会社の所在地が「東京都蒲田区」と記載されており、1943（昭和 18）年に東京都制が施行さ

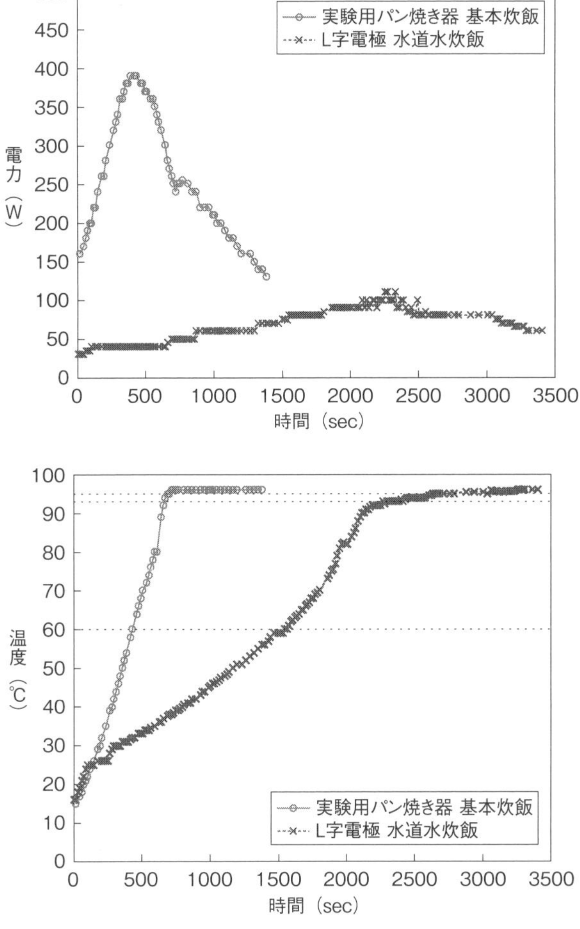

図13-6　上：実験用パン焼き器による基本炊飯（○印：塩0.4g）、L字電極対向立置型パン焼き器による水道水炊飯（×印）の電力の時間変化　下：温度の時間変化

れ1947（昭和22）年に蒲田区が廃止されたことから、また、第4章のタカラオハチの新聞広告が1947（昭和22）年2月に掲載されていることからも、市販年は1947（昭和22）年当初と推定される。

2）長谷川能三「電極式炊飯器とその再現」『大阪市立科学館研究報告』大阪市立科学博物館、23号、2013、pp.25-30.

第14章

電極対向立置型と底面設置型の電極式炊飯器での水道水による炊飯の再現実験

電極式の調理器具で、電解質の少ない水道水でも炊飯できるように、おひつの底に極板の間隔を1 cm程度に狭めて配置し、流れる電流を多くすることで実用化された製品として、終戦後の1946（昭和21）年に市販された厚生式電気炊飯器（同心円形電極）と1947（昭和22）年に市販されたタカラオハチ（櫛の歯形電極）が現存する。

本章では、電極対向立置型の実験用パン焼き器の電極として、L字電極の底面設置部をタカラオハチ同様に櫛の歯型にしたものを使用して、水道水による炊飯を行って電流特性を調査するとともに、L字電極の使用による水道水炊飯の可能性を探る。

また、おひつの底面に電極を設置した電極式の調理器具で現存している厚生式電気炊飯器とタカラオハチのレプリカを製作して、それぞれについて再現実験を行い、その性能を検証する。

1. 底部櫛の歯形L字電極対向立置型のパン焼き器による水道水炊飯と電流特性の検討

これまでの研究で、極板間隔が6 cmの電極対向立置型の実験用パン焼き器（図12-1）に米150 g、水230 g、塩0.4 gを入れた基本炊飯では、電解質として塩が0.4 g加えられていることで、極板間隔が6 cmと広くても23分で炊飯できることがわかった（図13-6 ○印）。

また、対向立置き極板の下部を折り曲げてL字形にして、パン焼き器の底面部における極板間隔を1 cmに狭めて向き合うようにした、L字電極対向立置

図14-1　底部が櫛の歯形のL字電極を対向立置きにした実験用パン焼き器（29分）

型実験用パン焼き器では、電解質を加えていない水道水だけでも58分で炊飯することができた（図13-6 ×印）。

この水道水による炊飯における電力の時間変化では、デンプンの糊化開始温度で起こる電力の第1ピークがあらわれなかった。また、極板を底面におくと、沸騰時に、蒸気の泡が極板に付いて、極板に接する水の量が大きく変化するため、電流が50％程度ふらついて不安定になることがわかった（図13-6 ×印）。この電流が不安定になる現象は、電極対向立置きの実験用パン焼き器で塩を加えて炊飯したときにはみられなかった（図13-6 ○印）。つまり、対向立置き極板の方が、電流が安定し左右側面から均等に加熱できることがわかった。

そこで、このL字電極の底面設置部分を櫛の歯形にして、極板間の対向距離を増やせば炊飯時間を短縮できると考え、底部が櫛の歯形のL字電極を対向立置きにした実験用パン焼き器（図14-1）を製作した。L字電極の底部を櫛の歯形にすることで極板間隔の対向距離が26 cmになり、前節で使用した底部が直線型のL字電極の18 cmから約1.5倍に増えた。

この底部櫛の歯形L字電極を使用して、水道水による炊飯をしたときの電力と温度の時間変化を示したものを、図14-2の○印に示す。このとき、本来の極板間隔が6 cmの対向立置き部分には、水道水では電流は流れない。

底部櫛の歯形L字電極を用いて水道水で炊飯したところ炊飯時間は29分で、底部が直線型のL字電極のときの58分に比べて、約半分の時間で炊飯できた（図14-2 ○印）ことから、極板間隔の対向距離が長い方が早く炊けることがあきらかになった。

また、底部櫛の歯形L字電極においても、底部が直線形L字電極のときと同様に、底面の極板上に沸騰による泡が生じて極板に触れる水の量が大きく変化して、電流が50%程度ふらつく現象が起こった。

電流のピークは電力150 Wに相当する電流で、デンプン糊化開始温度にともなう第1ピークはあらわれなかったが、水の蒸発にともなう第2ピークはあらわれ、第2ピークだけの1コブ型の電流特性になった。第2ピークの時刻の位置は、大阪市立科学博物館の長谷川のタカラオハチの再現実験のデータとほぼ同じであった。しかし、その電力ピーク後の下がり方は、本実験の方がゆるやかであった。これは、電極が配置されている底面部の面積が、長谷川の再現実験で使用されたおひつよりも、本実験で使用した実験用パン焼き器の方が狭いことが関係していると考えられる。

2. 電極底面設置型の電極式炊飯器タカラオハチ（櫛の歯形電極）と厚生式電気炊飯器（同心円形電極）での水道水による炊飯と電流特性の検討

(1) タカラオハチの再現実験

タカラオハチの縮小版のレプリカを自作して、水道水による炊飯の再現実験を行い、電流特性の評価および性能を検証する。再現実験を行うために、志水木材産業（株）の「のせ蓋おひつ」の約1合サイズ「ミニおひつ」（木曽さわら材でタガは銅、内径直径11.6 cm、高さ6.2 cm（外径直径14.5 cm、外径高さ9.5 cm、フタ除く））に、タカラオハチと同形状の櫛の歯形の電極（チタン1種）を取り付け、縮小版のレプリカ[1]を製作した（図14-3左）。なお、実験用パン焼き器で使用した底部櫛の歯形L字電極の対向距離は26 cmで、タカラオハチの底面に設置した櫛の歯形電極の対向距離は28 cmである。

底部櫛の歯形L字電極を対向立置きにした実験用パン焼き器で水道水炊飯の実験と同じ分量の米150 g、水230 gを、製作したタカラオハチに入れて通電し炊飯した。炊飯時の電力および温度の時間変化を図14-2（×印）に示す。

再現実験の結果、櫛の歯型電極をおひつ底面に設置したタカラオハチによる炊飯では、電解質を加えていない水道水だけでも、33分でご飯を炊くことが

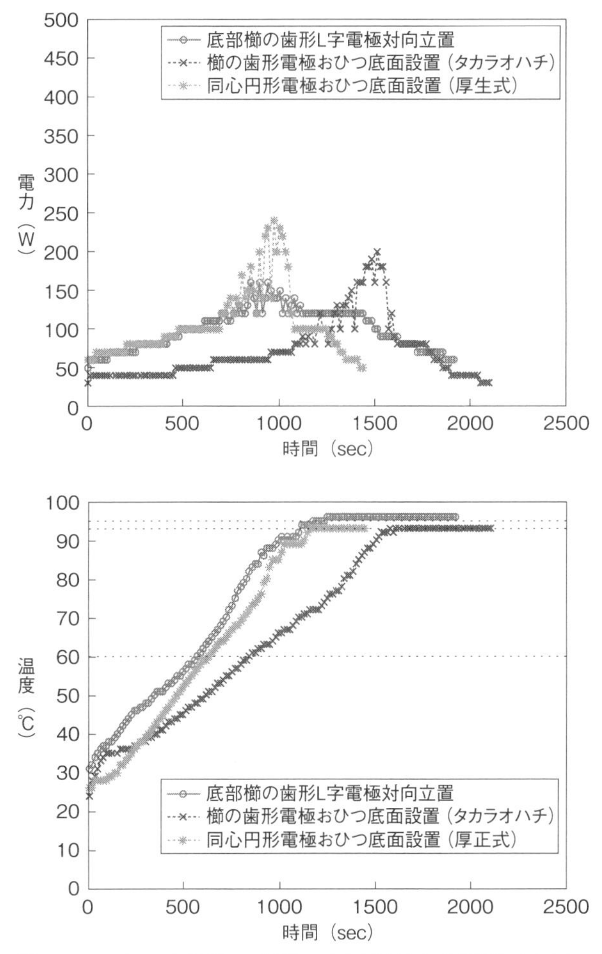

図 14-2　上：底部櫛の歯形 L 字電極対向立置型（○印）、櫛の歯形電極おひつ底面設置（タカラオハチ）（×印）、同心円形電極おひつ底面設置（厚生式）（＊印）、いずれも水道水による炊飯の電力の時間変化　下：温度の時間変化

できた（図 14-3 右）。

しかし、底部櫛の歯形L字電極を対向立置きにした実験用電式パン焼き器での炊飯の 29 分に比べると、少し時間が多くかかった。これは、容器の底面積

図 14-3　左：櫛の歯形電極おひつ底面設置（タカラオハチのレプリカ）
右：水道水による炊飯の炊き上がり（33 分）

が影響していると考えられる。

実験用パン焼き器の底面積 6 cm × 18.3 cm = 110 cm^2 に比べ、タカラオハチの底面積は 123 cm^2 で 1.1 倍広い。水道水による炊飯では、L 字電極の極板間隔 6 cm の対向立置き部分には電流が流れず、電流は、折り曲げた底面の部分からの寄与しかないので、極板対向距離がほぼ同じであれば、底面積が大きいタカラオハチの方が火力は弱く、温度上昇は遅くなる。このため、タカラオハチの底面積が 1.1 倍あるので、温度上昇が少し遅くなり、炊飯にかかった時間も底面積比とほぼ同じで、底部櫛の歯形L字電極での炊飯の 29 分の約 1.1 倍の 33 分になったと考えられる。

初期の電力は、底部櫛の歯形L字電極の対向立置型が 50 W、櫛の歯型電極のおひつ底面設置型のタカラオハチが 40 W でほぼ変わらなかった。ピーク電力は、底部櫛の歯形L字電極対向立置き型が 160 W であるのに対し、タカラオハチでは 200 W であった。これは、タカラオハチの方が極板間隔の対向距離が長いためであると考えられる。

電流の時間変化は、蒸発にともなう第 2 ピークだけがあらわれ、第 2 ピークだけの 1 コブ型になった。

熱効率は、底部櫛の歯形L字電極の対向立置型が約 70%、櫛の歯形電極のおひつ底面設置のタカラオハチが約 80%であった。

櫛の歯形電極をおひつ底面に設置したタカラオハチの方が、底部櫛の歯形L字電極を対向立置きにしたものよりも温度上昇がゆるやかであった。これは、タカラオハチの内容積が123 cm × 6.2 cm = 762 cm^2であるのに対し、底部櫛の歯形L字電極対向立置型の内容積の方が110 cm × 8 cm = 880 cm^2と大きいために熱効率が下がっていると考えられる。

なお、タカラオハチの底面に設置してある左右2枚の櫛の歯形の電極は、左右対称で同じ電極であるのでタカラオハチの電極は量産するにあたって都合がよいが、（図14-3左）、底部櫛の歯形L字型電極は左右の2枚が同形でないため（図14-1）2種つくらねばならない。また、次項で検討する厚生式電気炊飯器のおひつの底に設置される同心円形電極も左右対称の同形ではない（図14-4）。各電極式調理器具の仕様を整理したものを、表14-1に示す。

表14-1　水道水による炊飯実験装置の仕様（極板間隔1 cm）

	極板対向距離	底面積	内容積
実験用パン焼き器 底部直線形L字電極を対向立置き	18 cm	110 cm^2	990 cm^3
実験用パン焼き器 底部櫛の歯形L字電極を対向立置き	26 cm	110 cm^2	990 cm^3
タカラオハチ 櫛の歯形電極をおひつ底面に設置	28 cm	123 cm^2	738 cm^3
厚生式電気炊飯器 同心円電極をおひつ底面に設置	29 cm	123 cm^2	738 cm^3

(2) 厚生式炊飯器の再現実験

（1）で再現実験を行ったタカラオハチと同様に、終戦後に実用化された電極式炊飯器で、現存する厚生式電気炊飯器のレプリカ[2)]を製作して（図14-4左）水道水による炊飯を行い、電流特性の評価および性能を検証した。

タカラオハチの炊飯性能と比較するために、タカラオハチの再現実験と同量の米150 g、水230 gを、厚生式電気炊飯器に入れて炊飯した。電力および温度の時間変化は、先に示した図14-2（＊印）の通りである。

実験用パン焼き器（底部櫛の歯形L字電極対向立置)、タカラオハチ（櫛の歯形電極おひつ底面設置)、厚生式電気炊飯器（同心円形電極おひつ底面設置）の3つについて水道水で炊飯した結果は以下の通りである。

図 14-4　左：同心円形電極おひつ底面設置（厚生式電気炊飯器）　右：水道水炊飯の炊き上がり（23 分）

厚生式電気炊飯器（同心円形電極）は、水道水で炊飯することができ、23 分で炊き上がった（図 14-4 右）。底部櫛の歯形L字電極を対向立置きにした実験用パン焼き器は 29 分で、タカラオハチ（櫛の歯形電極おひつ底面設置）の 33 分に比べて早く炊き上がったのは、極板間隔の対向距離が 29 cmと長いので、電流が早く立ち上がるためであると考えられる。

一方で、おひつの厚生式電気炊飯器の底面積に対する、底面に設置した極板間隔 1cm部分（おもに、この極板間の隙間を底面に沿って電流が流れる）の極板対向距離の比が、実験用パン焼き器の櫛の歯形L字電極の場合と同じになり、両者の火力が同じになることで、同様な電流特性をもつことがわかった（図 14-2 ○印と＊印）。ピーク電力の差は、底部の極板対向距離の差によると考えられ、対向距離が長い厚生式電気炊飯器の方がピーク電力は大きくなった。このとき、厚生式電気炊飯器では、同心円形電極の構造上、おひつ中央部に熱源（極板間の 1 cmの隙間）を配置できず、おひつの櫛の歯形電極のタカラオハチ（図 14-2 ×印）に比べ、底面全体に対し熱源が均等に配置できないので、炊飯にムラができた。

電力の時間変化は、いずれも、デンプン糊化にともなう第 1 ピークはあらわれず、蒸発にともなう第 2 ピークのみあらわれる 1 コブ型の電流特性となった（図 14-2 上）。

第 1 ピークにおける電力の大きさは、厚生式電気炊飯器、タカラオハチ、底部櫛の歯形L字電極の順となった。これは、表 14-1 に示した通り、極板間隔の対向距離の長いものほど、多くの電流が流れたと考えられる。なお、電流は対向極板の近接部に流れるので、厚生式電気炊飯器の同心円形極板の中心部分の丸い極板は、使用後にその円の周辺に放電による劣化が見られた（図 14-4 左）。

厚生式電気炊飯器の炊飯時の電流特性は、電力ピーク値、ピーク時刻位置等が、大阪市立科学博物館の長谷川のタカラオハチ再現実験[3]とほぼ同じであった。また、底部櫛の歯形L字電極においても、ピーク時刻位置は同じであったが、蒸発によるその後の電力低下が、厚生式電気炊飯器やタカラオハチが急激であるのに対して、底部櫛の歯形L字電極の方はゆるやかであった。熱効率は厚生式電気炊飯器もタカラオハチも 82％であった。

おひつの底面に電極を設置した厚生式電気炊飯器とタカラオハチは、水道水での炊飯の実用性が高いことがわかった。一方で、電極の形状が同心円形と櫛の歯形と異なるものの、いずれも電極がおひつの底面に設置されているため、沸騰による泡で水の電極への接触面積が大きく変化し、電流が 50％程度ふらつき不安定になる課題もみられた。

なお、電極板を極板間隔 6 cm で対向立置きにした実験用パン焼き器（旧陸軍炊事自動車の炊飯器の仕様）で水道水ではなく塩を加えて炊飯した時には、対向立置き電極を流れる電流が不安定になることはなく安定していたことから（図 13-2、図 13-6 ○印）、電極を対向立置きにした装置では、側面から均等においしく炊飯でき性能が良いことがわかった。

3. タカラオハチ（櫛の歯形電極底面設置型）と厚生式電気炊飯器（同心円形電極底面設置型）による塩水での炊飯と電流特性の検討

前節で、電極底面設置型の電極式炊飯器であるタカラオハチと厚生式電気炊飯器のレプリカを作成して再現実験を行ったところ、水道水で炊飯できることがわかった。

本節では、炊飯時間の短縮を図るため、また、水道水と塩水では電極式調理時の電流特性が異なることを明確にするために、電解質として塩を加えて炊飯実験を行いその影響を検討した。

タカラオハチ（櫛の歯形電極底面設置型）と厚生式電気炊飯器（同心円形電極底面設置型）のそれぞれに、米 150 g、水道水 230 g に 0.1 g の塩を加えて通電し炊飯した。また、比較のために、実験用パン焼き器（電極対向立置型）に米 150 g、水道水 230 g に塩を 0.1 g 加えたものでも同様に通電し炊飯した。なお、本実験では本章でこれまで活用してきたL字形電極は使用しなかった。それは、0.1 g の塩を加えると、電極間隔 6 cm の実験用パン焼き器でも 0.8 A の充分な電流が流れるため、炊飯できると判断したためである。炊飯時の電力および温度の時間変化を、図 14-5 にしめす。

タカラオハチ（櫛の歯形電極底面設置型）、厚生式電気炊飯器（同心円形電極底面設置型）、実験用パン焼き器（電極対向立置型）の 3 つの装置で、それぞれ塩水で炊飯したところ、いずれも電力の時間変化が 2 コブ型になった。3 つとも[4] 水道水での炊飯では蒸発にともなう第 2 ピークのみの 1 コブ型だったが、塩を 0.1 g 加えるとデンプンの糊化開始にともなう第 1 ピークもあらわれ（電力最大）2 コブ型となった。

電極底面電極型のタカラオハチ（櫛の歯形）（図 14-5 ×印）と厚生式電気炊飯器（同心円形）（図 14-5 ＊印）の 2 つを比較すると、電流特性はほぼ同じで、ピーク電力は水道水のときの 2 倍になったが、熱効率は水道水と変わらず 80％程度であった。また、2 つとも電力が大きいため 10 分で沸騰し、すぐに電力は下がったものの 19 分でご飯が炊け、水道水だけで炊飯したときの、タカラオハチ 33 分、厚生式電気炊飯器 23 分と比較して早く炊けた。

電極対向立置型の実験用パン焼き器（極板間隔 6 cm）で塩を 0.1 g 添加して炊飯したものと（図 14-5 ○印）、底部櫛の歯形L字電極の実験用パン焼き器（底部電極間隔 1 cm）で水道水で炊飯したもの（図 14-2 ○印）の 2 つを比較すると、電流の時間変化がほぼ同じ形を示した。しかし、極板間隔 6 cm の対向立置き極板での塩水による炊飯の方は 2 コブ型で、底部櫛の歯形L字極板での水道水による炊飯では 1 コブ型となった。2 コブあらわれる対向立置き極板による塩水炊飯では、糊化開始にともなう第 1 ピークが最大電流となり、1 コブしかあらわれない底部櫛の歯形L字極板による水道水炊飯では、最大電流が蒸発にともなう（2 コブ型における）第 2 ピークに対応することが明確になっ

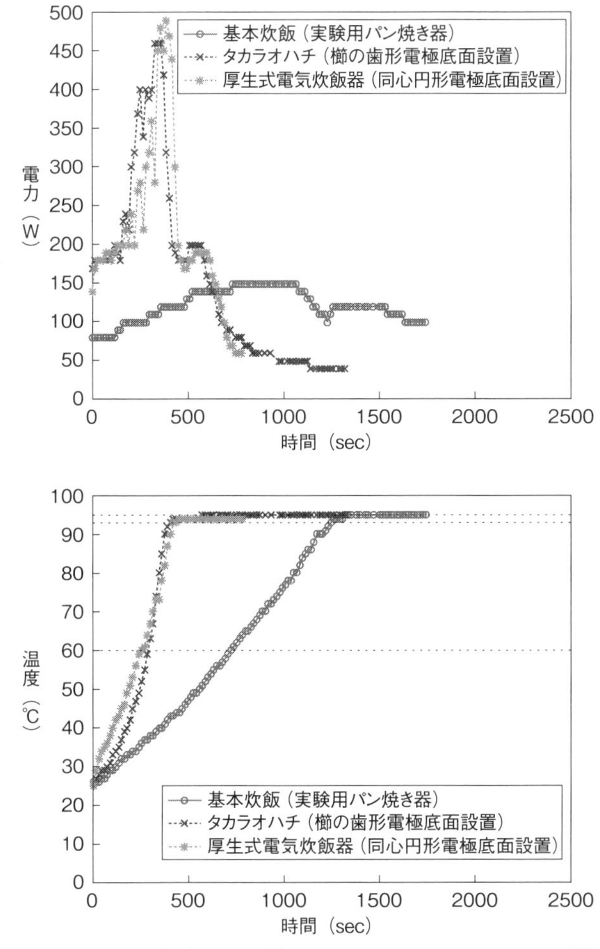

図 14-5　上：実験用パン焼き器（○印）、タカラオハチ（櫛の歯形電極底面設置）（×印）、厚生式電気炊飯器（同心円形電極底面設置）（＊印）いずれも塩 0.1 g 添加での炊飯時の電力の時間変化　下：温度の時間変化

た。水道水炊飯では第 1 ピークはあらわれない。

第 13 章、14 章で行った電極式調理による炊飯実験における特徴を以下に 4 点挙げる。

・初期電力は初期水温にもよるが、1 cm の極板間隔によって 10 W 強増える。

・おひつの方が実験用パン焼き器に比べて内容積が狭いので熱効率が15％程度上がる。

・電力ピーク値が上がれば、蒸発して減る水の量は多くなるが、熱効率は電力ピーク値によっては決まらない。

・底面設置型電極では、沸騰時の気泡で電流が阻害され、電流が50％程度不安定になる。対向立置き型電極では、電流は安定し両側面から均等に加熱できる。

電極式調理による炊飯実験の結果をまとめたものを、表14-2に示す。

表14-2　炊飯の各特性比較

容器	電極位置	電極形	水/米	塩/水	熱効率	ピーク	蒸発水	完成
実験用パン焼き器	対向立置	平板極板 間隔6 cm	1.53	0.04	70％	150 W	14％	28分
		平板極板 間隔6 cm	1.53	0.17	71％	390 W	30％	23分
		L字底部直線型 底部間隔1 cm	1.53	0	64％	110 w	13％	58分
		L字底部櫛の歯形 底部間隔1 cm	1.53	0	72％	160 W	13％	29分
おひつ	底面設置	櫛の歯形（タカラオハチ）	1.53	0	84％	200 W	10％	33分
			1.53	0.04	83％	460 W	18％	23分
		同心円形（厚生式電気炊飯器）	1.53	0	82％	240 W	10％	23分
			1.53	0.04	81％	490 W	13％	19分

4. 電極式調理における水道水と塩水による電流特性の違い

電極式調理による炊飯（米150 g、水230 g）において、水道水だけで炊飯したときの電力の時間変化は、デンプン糊化開始温度での第1ピークがあらわれず、蒸発による第2ピークだけの1コブ型になるが、塩を入れて炊飯したときには、デンプン糊化の進行と塩が関係し第1・2の両ピークがあらわれる2コブ型になることがわかった。

本節では、炊飯時における米デンプンの糊化だけでなく、パン焼成時の小麦デンプンの糊化においても同様の現象がおこると考え、検証実験を行った。

実験用パン焼き器に、電極を対向立置（極板間隔6 cm）に設置したものと、L字電極（底部直線形で間隔1 cm）を設置したもの（図13-5）を用意し、水道水炊飯と比較するために、塩やふくらし粉を加えずに小麦粉（薄力粉）

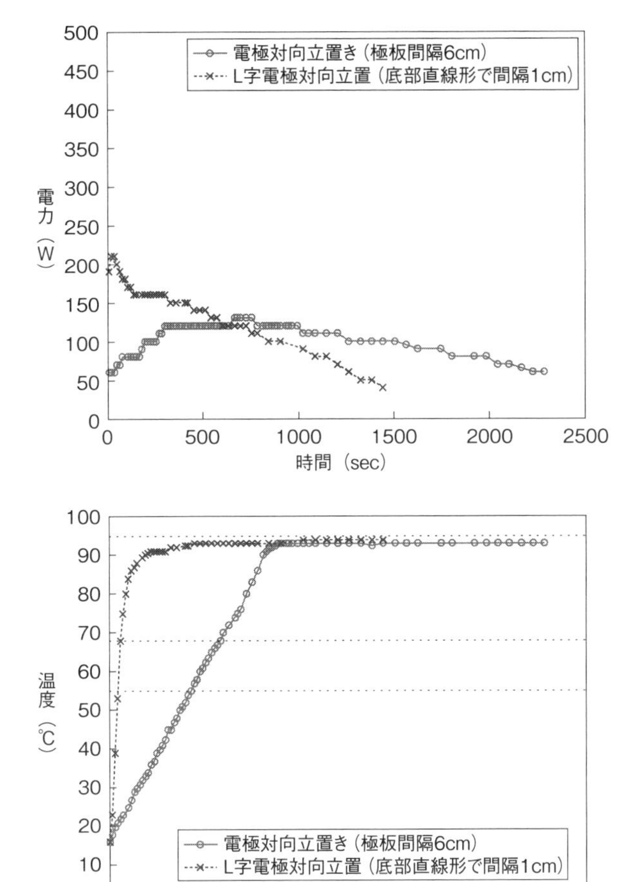

図14-6　上：電極対向立置き（極板間隔6 cm）（○印）、L字電極対向立置（底部直線形で間隔1 cm）（×印）の電力の時間変化（いずれも小麦粉と水のみ）　下：温度の時間変化

150 gと水 190 gだけを入れて通電した。電力および温度の時間変化を図 14-6に示す。

水と小麦粉だけを、電極対向立置（極板間隔 6 cm）（○印）とL字電極（底部直線形で間隔 1 cm）（×印）の 2 種の実験用パン焼き器に入れて通電したところ、いずれも電力の時間変化において、水道水による炊飯と同様に蒸発にともなう第 2 ピークだけしかあらわれず、1 コブ型の電流特性になった[5)]。

水道水による電極式の調理では、炊飯（米）でもパン（小麦粉）でも電力の時間変化の推移において、デンプン糊化開始が電流に影響しないため電力の第 1 ピークはあらわれず、水の蒸発による第 2 ピークのみがあらわれる 1 コブ型の電流特性となった。

これは、電解質が少ないために、糊化の開始から終了における水分量の変化が、電流変化に影響を与えないためである。このときには、蒸発による水分量の変化によってのみ 1 つのピークがあらわれている。流れる電流が少なくなるので 1 コブ型の電流特性になるわけではない。水道水のみの炊飯やパン焼きでもデンプンの糊化は起こっているが、塩水にすると、糊化の進行と塩が関係し合って 2 コブ型の電流特性となることを明確にした。この電流特性を整理すると、次のようになる。

・デンプンの糊化＋塩水＋析出＝ 2 コブ型（第 1 ピーク、第 2 ピーク）
・デンプンの糊化＋水道水＋蒸発＝ 1 コブ型（第 2 ピークのみ）

これまで、米粒 150 gを浸した水道水 230 gでは、極板間隔 6 cmの対向立置型の実験用パン焼き器において初期電力が 6 Wしか電流が流れず炊飯ができないこと、一方、小麦薄力粉 150 gを水道水 190 gに溶かした場合には、初期電力が 60 Wも電流が流れ、ういろうのような小麦粉水パンが焼けることをあきらかにした。

このように、小麦粉水において、60 Wも初期電流が流れる理由は、小麦粒を製粉し水道水に溶かすとミネラル分が流れやすくなるためである。このため、図 14-6 ○印の小麦粉水パンは、一見すると、1 コブに見えるが、実際には、詳しく電流特性を見ると、小麦粉の成分から溶け出した電解質によって、糊化の進行と蒸発にともない 2 コブの電流特性になっている。

日清フラワー薄力粉の結果である図 14-6 ○印の場合には、糊化の開始にともなう第 1 ピークが 130 W、糊化終了時の最底では 120 W、蒸発による第 2 ピークは 140 W となり 2 コブがあらわれる。電解質が少ないために、糊化の開始が電流変化に大きく影響せず、第 1 ピークより第 2 ピークの方が大きくなるうえ、第 1 ピークのコブの高さは 10 W しかなく、第 1 ピークから第 2 ピークまで高原のようになり、高い第 2 ピークが 1 コブのように見えているのである。

水道水でも炊飯できるように工夫した、極板間隔 1 cm の極板を底面に設置して行う水道水による炊飯では、水道水に電解質はほとんどなく、糊化開始にともなう第 1 ピークはあらわれず 1 コブになるので、小麦粉水の場合とは異なる。この第 2 ピークの方が大きく 1 コブのように見える電流特性の傾向は、初期電力や第 2 ピークの電流値も含め、他の薄力粉である日清ヴァイオレット、スーパーヴァイオレット、さらに、木下製粉の強力粉（ひまわり）においてもほぼ変わらなかった。これらそれぞれの小麦粉の成分に含まれる電解質の違いが、水温上昇の早さの違いにあらわれ、その水温上昇の違いによって、それぞれのデンプン種の糊化温度帯（表 12-1 開始と終了）と蒸発温度であらわれる 2 コブのピーク位置（時刻）をずらすだけである。いずれも 16 分程度で焼き上がり、熱効率は 70％程度である。

注および参考文献

1）タカラオハチのレプリカを使用した実験や結果等について記す際には、レプリカを省略してタカラオハチとする。

2）厚生式電気炊飯器のレプリカを使用した実験結果等について記す際には、レプリカを省略して厚生式電気炊飯器とする。

3）長谷川能三「電極式炊飯器とその再現」『大阪市立科学館研究報告』大阪市立科学博物館、23 号、2013、pp.25-30.

4）実験用パン焼き器は底部櫛の歯形L字電極を対向立置きにしたときの結果（図 14-2 ○印）である。

5) 小麦粉（強力粉）をイーストで発酵させた練り状の生地を、底部が櫛の歯形のL字電極を対向立置きにした実験用パン焼き器に入れて通電したときも、塩を加えない配合では、蒸発にともなう第2ピークの1コブ型の電流特性になった。

第15章

電極対向立置型の実験用パン焼き器の電極素材および模擬練りパン（薄力粉の練り状生地）の電流特性の検討

1. 電極式調理におけるチタン極板とステンレス極板の電流特性の比較

電極式調理では、通電によって電極の一部が電蝕して、生地に溶出することがあるため、極板として使用可能な金属が、食品衛生法の「食品、添加物等の規格基準」に規定されている[1)]。

全国パン粉工業協同組合連合会の技術委員だった清水康夫らは、電極式パン焼き器でパン粉用のパンを製造するときの安全性を高めるために、ステンレス板と純チタン板の電極使用について研究を重ねた。その結果、チタン極板は腐食がきわめて少なく安全性が高いことをあきらかにし、当時認められていなかった食品製造へのチタン電極の使用について、1988年に厚生省から認可を受けた[2)]。現在も、パン粉用パンの製造時の電極はチタンが使用されている。

純チタンには、不純物としてN、C、H、Fe、Oなどが含まれているが、その純度によってチタン1種（99.8%以上）、チタン2種（99.4%以上）のように、1種から4種まで分類されており、全国パン粉工業協同組合連合会は、純度が最も高いチタン1種で認可を受けている。

そこで本章では、チタン1種、チタン2種、ステンレスの3種類の極板で、電極式のパン焼きを行い、それぞれの極板による、電流特性の違いについて検討する。

実験用パン焼き器（図12-1）に、チタン1種、チタン2種、ステンレスの3種類の極板を装着したものを用意し、小麦粉（薄力粉）150 g、水190 g、塩0.4 g、ふくらし粉6 g、砂糖25 g（学生実験でのふくらし粉パンの基本配合）

を入れて通電し、極板の違いによる、電流特性の傾向を比較した。なお、チタン板の厚さは清水の先行研究[2]と同様に0.5 mmとした。電流と温度の時間変化を図15-1に示す。

実験の結果、チタン1種（×印)、チタン2種（∗印)、ステンレス板（○印)

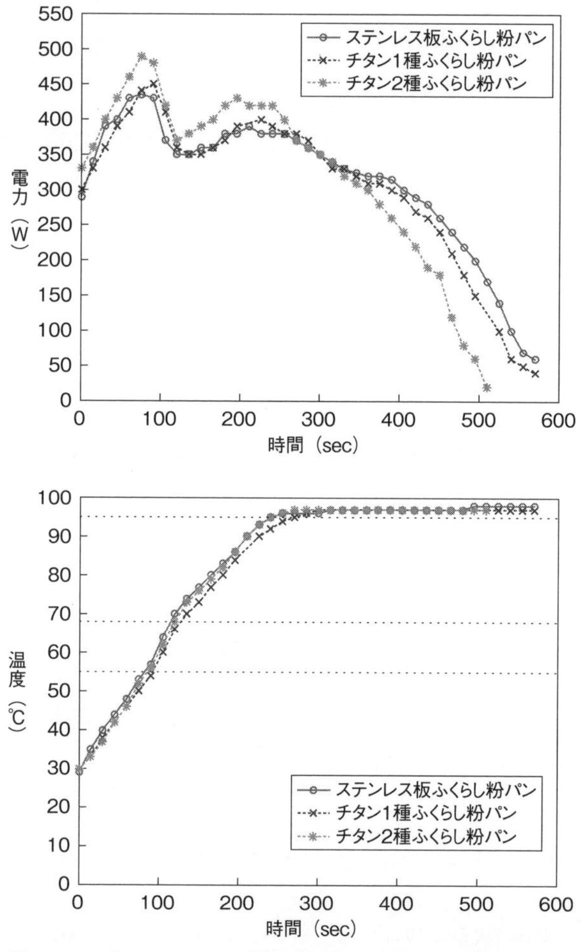

図15-1　上：ステンレス板（○印)、チタン1種（×印)、チタン2種（∗印）でのパン焼成時の電力の時間変化（ふくらし粉パン基本配合）　下：温度の時間変化

ともに温度上昇の傾向はほぼ同じであった（図15-1下）。また、塩やふくらし粉を含む基本配合のふくらし粉パンにおいては、チタン1種、チタン2種、ステンレスのいずれもが、電力の時間変化が2コブ型の電流特性を示した[3)]。

第1ピーク、第2ピークの位置（時刻）もほぼ同じで、3種の極板の違いによる電流特性の差は小さかった。しかし、チタン1種とステンレスの電力はほぼ等しいが、チタン2種はチタン1種とステンレスに比べ、第1ピークの電力が約1.1倍であった。

また、チタン極板使用時の熱効率は1種、2種ともに70％で、ステンレス極板使用時とほぼ同様であった。

なお、チタン1種、2種の極板が酸化して変色した箇所や、通電時にパチパチと放電した箇所に接触していたパンの側面部に黄色い斑点がみられた。このパン側面の黄色い斑点部分を、蛍光X線分析による成分分析を行ったところ[4)]、主成分はCa（カルシウム）で、黒点ではTi（チタン）も検出された。このCaは、アイコクベーキングパウダーに含まれる第1リン酸カルシウム（重量比10％）から析出したもので、小麦粉のフラボノイドとアルカリの反応で黄色に変色したものと考えられ、金属による害はないことがあきらかになった[5)]。

2. 実験用パン焼き器による模擬練りパン（薄力粉練り状生地）作成時の電流特性およびチタン1種とステンレスの電極の電流特性の比較

一般にパンは、小麦粉（強力粉）に水などを加えて練った生地を、イーストで発酵させて膨らませたものを、オーブン等で焼き上げてつくる。パン粉用のパンも同様にイーストによる発酵で膨らませるが、焼成はオーブンの場合と電極式のパン焼き器で通電して行う場合がある。このイーストで発酵させたパンを電極式調理で焼き上げた時の電流特性については、次章で詳細に検討するが、本章では、これまで研究を行ってきたふくらし粉パン（薄力粉＋液状生地＋ふくらし粉）と次章で検討するイースト発酵パン（強力粉＋練り状生地＋イースト発酵）の中間的な性質をもつパンについても検討することで、両実験結果を補完する。

具体的には、ふくらし粉パンと同様に薄力粉を使用した生地をふくらし粉で膨らませるが、加える水の量を減らして液状生地ではなく練り状生地にしたものを、電極式パン焼き器で焼き上げる。本研究では、このパンを模擬練りパン（薄力粉＋練り状生地＋ふくらし粉）とし、これまでの研究でデータを蓄積してきたふくらし粉パンの電流特性と、薄力粉を練ったときの模擬練りパンの電流特性を比較する。

・ふくらし粉パン　（薄力粉 ＋ 液状生地 ＋ ふくらし粉）第 12 章
・模擬練りパン　　（薄力粉 ＋ 練り状生地 ＋ ふくらし粉）本章
・イースト発酵パン（強力粉 ＋ 練り状生地 ＋ イースト発酵）第 16 章

ふくらし粉パンの基本配合（小麦粉（薄力粉）150 g、塩 0.4 g、ふくらし粉 6 g、砂糖 25 g、水 190 g）は、すべて混合すると流動性の高い液状の生地になるが、模擬練りパンは、練り状生地にするため水を減らした配合（小麦粉（薄力粉）225 g、塩 1.8 g、ふくらし粉 9 g、砂糖 4 g、ショートニング 7.5 g、水 150 g）とし、すべて混合後にこねてグルテンを形成させ練り状の生地を作成した。この練り状生地を、実験用パン焼き器に入れて通電し、模擬練りパン（薄力粉を練ってグルテンを形成させた生地）の電流特性を調査した。

また、この模擬練りパンにおいて、チタン 1 種とステンレスの両電極の電流特性の差についても同様に調査を行った[6)]。電流および温度の時間変化を、図 15-2 に示す。

ステンレス（○印）と、チタン 1 種（×印）で、電流特性を比較したところ、両者とも塩分量が多いために電流が多く流れ、通電後 50 秒程度でデンプンの糊化開始の第 1 ピークがあらわれた。その後、電力は低下し、デンプン糊化終了の電力最低になった後も電力は再上昇せず平坦であったため第 2 ピークはあらわれず、そのまま析出（95℃）により再び電力が低下した。

塩抜きのふくらし粉パンの液状生地に通電したときに、ふくらし粉による発泡の影響で、第 2 ピークがあらわれなかったが（前掲図 12-5 ×印）、練り状生地では、塩を加えてあっても、第 2 ピークがあらわれなかった。これは、発泡による影響が大きいと考えられる。

熱効率は 60％程度で、次章で述べるイースト発酵パンと同様で液状生地の

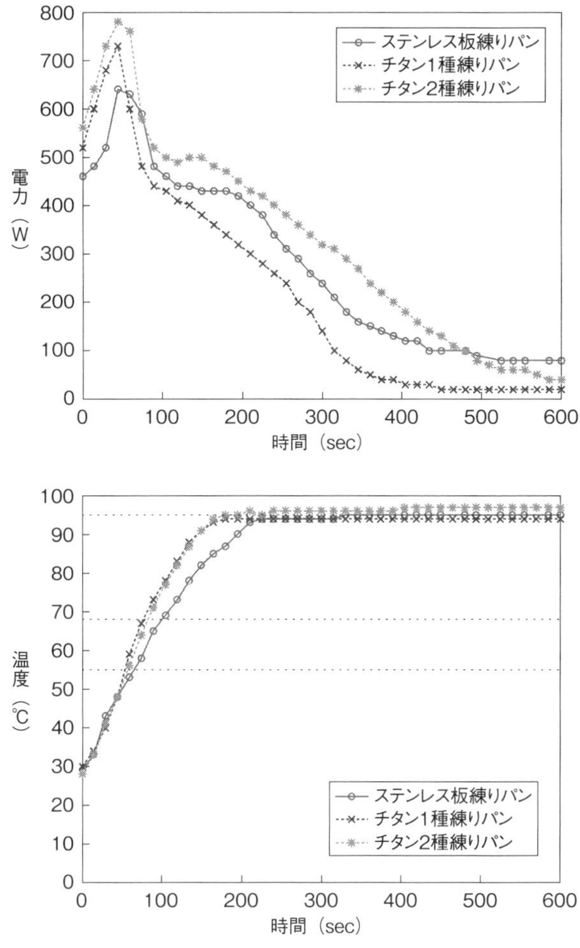

図 15-2　上：ステンレス極板練りパン（○印）、チタン 1 種極板練りパン（×印）、チタン 1 種極板水増量練りパン（＊印）の電力の時間変化　下：温度の時間変化

ときと比べて熱効率が少し落ちた。

チタン 1 種（図 15-2 ×印）とステンレス（図 15-2 ○印）の電極板を比較したところ、電力の増加度の違いにより、温度上昇の変化が両極板で異なるため、2 つの電力ピークの位置が時間とともに次第にずれた。チタン 1 種（×印）

の方が、ステンレス（○印）よりも温度上昇が早いため、電力の第1ピーク（デンプン糊化開始温度）が早くなり、電力のピークもステンレスに比べ約1.1倍大きかった。さらに、チタンでは、析出が始まる95℃に早く達したために、ステンレスでは3分半後に始まる崖（第2ピークに相当する平坦な電力の端から落ちる所）も、チタンでは2分頃に早く始まり、電力の低下も急であった。このため、この配合の模擬練りパンは、チタンでは充分に加熱できずに生焼けの状態のままであった。

そこで、模擬練りパンの配合において、水だけを150 gから170 gに増量して通電したところ、第1電力ピークは1.1倍になり、その後の電力低下も遅くなったため、加熱時間が改善され生焼けではなくなった（図15-2 ＊印）。熱効率は、水を170gに増やすと5%程度向上した。

薄力粉を使用したふくらし粉パンについて、液状生地と練り状生地における電流特性を比較すると、液状生地の水分割合を減らしてよく練った練り状生地の方が、電力の第1ピークの値が約30%高かった[7]。すなわち、薄力粉は練ることで、電力の第1ピークの増加を起こすことがあきらかになった。

模擬練りパンの電極式調理における極板において、チタン1種はステンレスよりも、電力の第1ピークが約20%高いが（図15-2）、チタン1種と2種の差はほとんどなかった。

チタン1種では、薄力粉を使用したふくらし粉パンの液状生地に比べ練り状生地では、電力の第1ピーク値が約50%も上がった。

ただし、ステンレス電極板とチタン電極板（1種と2種の差はほぼない）の電流特性の差は、この模擬練りパンにおいてのみ顕著であったものの、他のふくらし粉パン、イースト発酵パン、炊飯等では、ほとんどみられなかった。

注および参考文献

1）食品、添加物等の規格基準の「第3　器具及び容器包装」に「電流を直接食品に通ずる装置を有する器具の電極は、鉄、アルミニウム、白金及びチタン以外の金属を使用してはならない。ただし、食品を流れる電流が微量である場合にあっては、ステンレスを電極として使用することは差し支えない。」と規定されている。

2）清水康夫「通電式製パン法とチタン通極板について（チタンの科学と生物学的安全性について）」『パン粉品質向上に関する資料』全国パン粉工業協同組合連合会、7、1987、pp.2-18.

3）全国パン粉工業協同組合連合会の清水が、チタン電極の安全性を検討するためにイースト発酵パンを用いた実験でも、2コブ型の電流特性を示している。

4）蛍光X線分析による成分分析は、神奈川大学理学部化学科の西本右子教授によるものである。

5）本章での検討結果をふまえ、教育現場における「電気パン」（ふくらし粉パン）の実験でもチタン電極を使用すれば、業務用として現在も続く電極式パン粉と同等の食品衛生法基準の安全性が保てることを2017年に報告した。
松岡守、青木孝「「電気パン」実験における食品としての安全性の再評価」『第35回日本産業技術教育学会東海支部大会研究発表会論文』、2017.

6）模擬練りパンの練り状生地に通電したところ、チタン1種、2種の間で差は小さかったため、本節ではチタン1種のみの実験結果を示す。

7）薄力粉の液状生地の蒸しパンを練って（練った薄力粉の液状生地）通電した際も、練ることによって第1電流ピークの値が約20%高くなることが予備実験の結果からあきらかになっている。

第16章

電極式パン焼き器(対向立置型)によるイースト発酵生地(強力粉練り状)の電極式パン粉用パンと食パンの作成および電流特性の検討

1. 電極式パン粉用パン(強力粉イースト発酵練り状生地)の再現実験

本節では、全国パン粉工業協同組合連合会技術員の清水の研究成果[1]を参考に、電極式パン粉用のパン（強力粉イースト発酵練り状生地）の再現実験を行う。なお、1947年に阿久津正蔵が、イースト発酵させたパン生地を電極式パン焼き器で調理する手順を『パンの上手な作り方と食べ方』に書いており[2]、この方法が、現在の業務用の電極式パン粉の製造に続いていることから、この再現実験は、パン粉工業の電極式パン粉用パンの再現実験であるとともに、阿久津正蔵が戦前に開発した電極式パン焼き器の再現実験であるともいえる。

また、家庭用オーブンによる焙焼式パン粉も再現し、電極式パン粉と比較する。さらに、主食ではなく調理用材料であるパン粉用のパンは、味をおいしくする必要がないため無味な配合になっている。そこで、味の向上を目指し、食パン用の配合での電極式パン焼き器による食パンづくりも行う。なお、実際の電極式パン粉製造工場の製造過程の実例も紹介する。

電極式パン粉用のパンで使用する小麦粉は強力粉で、ふくらし粉ではなく、イーストによる発酵によってパンを膨張させている。電極式パン粉用のパンの配合および生地の作成手順は以下のとおりである。

電極式パン粉用のイースト発酵パン（強力粉）の生地は、日清カメリヤ小麦粉（強力粉）150 g、SAFドライイースト4.5 g、塩1.5 g、無塩バター5.0 g、砂糖2.5 gを水100 gで練ったものとした。

配合する材料を、33℃、100 gの水で発酵が始まりなめらかになるまでこね、その後ひとかたまりにして、発酵器で42℃で25分間1次発酵させた。1次発酵後、ガス抜きしてから3等分して、それぞれを小判型に伸ばし、長い方の縁を折った後で、海苔巻き状に丸めて成型した。極板をセットした実験用パン焼き器に、成型したパン生地の巻き終わりを下にして、「の」の字が極板に触れるように3つを並べて入れた（図16-1上）。実験用パン焼き器ごと、発酵器に入れ42℃で25分間2次発酵させたところ、イースト発酵によって膨らむことで、パン生地の9割程度がチタン極板に接触した。

実験用パン焼き器にイーストによる1次発酵後のパン生地を入れた様子、および2次発酵後の様子を図16-1に示す。

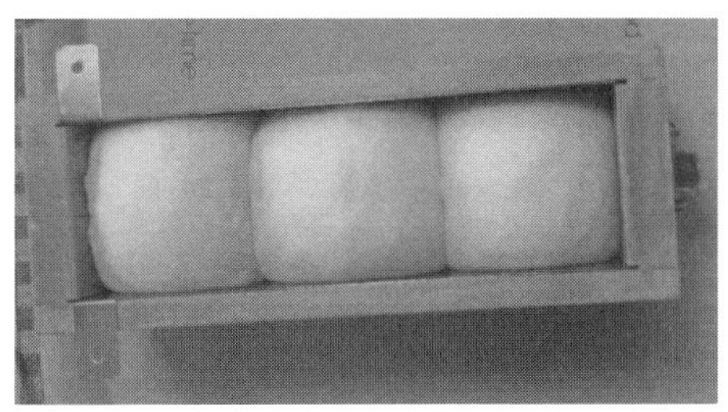

図16-1　上：実験用パン焼き器に入れた1次発酵後のパン生地　下：ケースごと2次発酵させた後に極板に触れた生地

2次発酵後のパン生地に通電して、パンを焼成したところ、パン生地がケース上部で外に盛り上がったため（図16-2）、熱が逃げないように別の底板でフタをした。

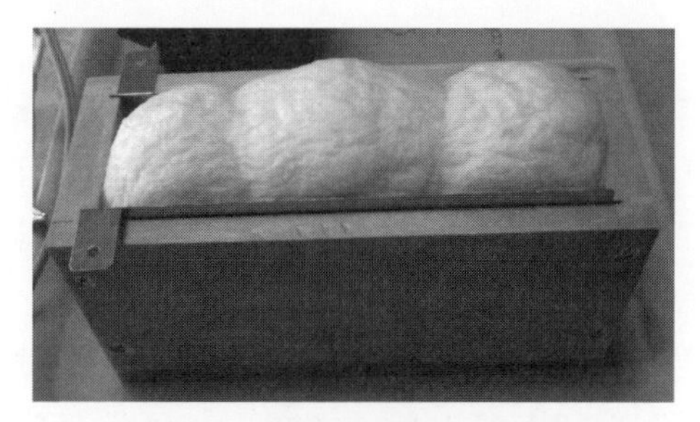

図 16-2　通電後に膨張した生地

通電開始から 11 分後に電流が 0.3 A 程度に落ち、パンが焼き上がった。図 16-3 に、できあがった電極式調理によるイースト発酵パンを示す。また、電力および温度の時間変化を図 16-4 に示す。

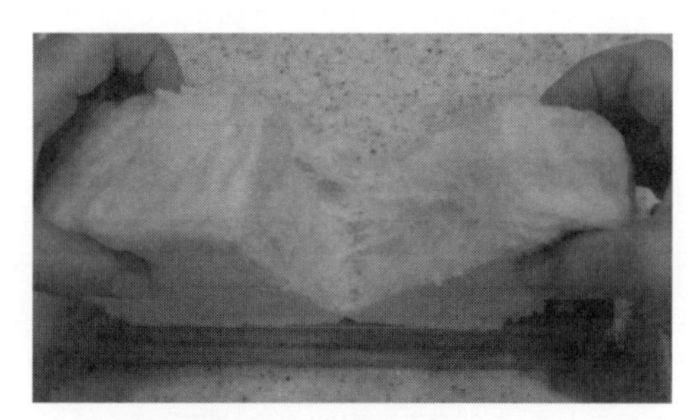

図 16-3　実験用パン焼き器でつくったイースト発酵パン（強力粉）

電力の時間変化は、ふくらし粉パン基本配合（薄力粉、ふくらし粉、塩、砂糖、水：液状生地）と同様に、小麦デンプンの糊化の進行にしたがって 2 つのピークをもつ 2 コブ型の電流特性になった。デンプン糊化の開始温度で電力の第 1 ピーク、デンプン糊化の終了温度で最底となり、その後デンプン粒子内の水分が放出されて電力が上昇し、析出開始によって電力の第 2 ピークがあらわれた。熱効率は 63%であった。

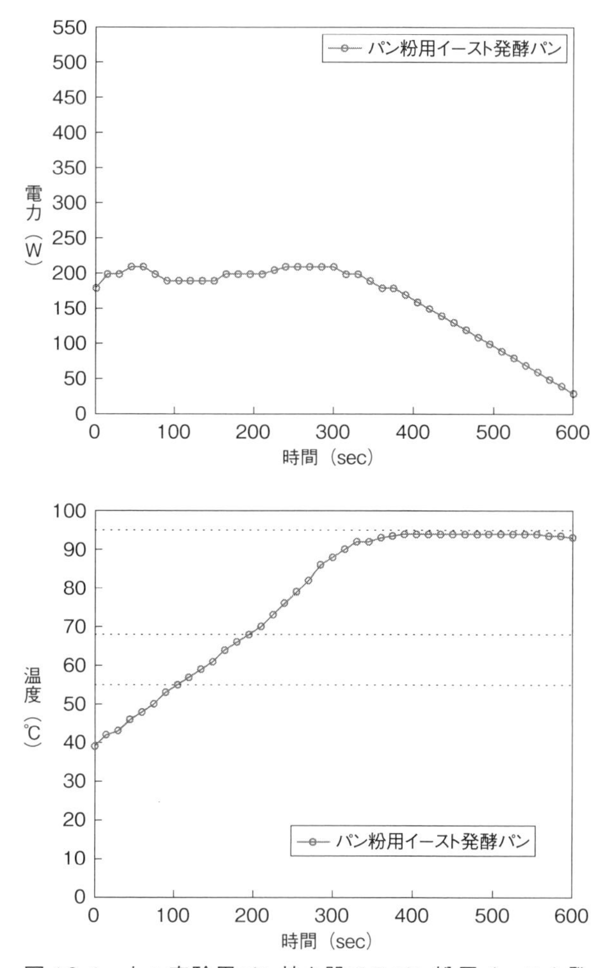

図 16-4　上：実験用パン焼き器でのパン粉用イースト発酵パン焼成時の電力の時間変化　下：温度の時間変化

2. イースト発酵練り状生地（強力粉）の焙焼式と電極式によるパン焼きの比較および製造工場の実例

(1) イースト発酵練り状生地（強力粉）の焙焼式と電極式によるパン焼きの比較

本節では、イーストで発酵させたパン（強力粉）を、電極式パン焼き器と、オーブンで焼くのではどのように異なるのか比較するために、前節で行った電極式の実験用パン焼き器で焼いたイースト発酵パンと、同じ配合で作成した生地を家庭用のオーブンで焼き上げ、電極式のパンと焙焼式のパンについて比較・検討した。

日清カメリヤ小麦粉（強力粉）150 g、SAFドライイースト4.5 g、塩1.5 g、無塩バター5.0 g、砂糖2.5 gを水100 gで練った生地を1次発酵させた。ガス抜きして5等分したものを丸めて成型し、市販のアルミケースに入れ2次発酵させた。ここまでは、電極式イースト発酵パンとまったく同じ過程で行い、その後、190℃のオーブンで焼いた。

同じ配合でイースト発酵させたパン生地を、実験用パン焼き器と家庭用電気オーブンで焼いたパンをそれぞれ比較したものが、図16-5である。なお、パンの大きさが異なるのは、ケースの大きさが異なるため同じ発酵生地を電極式

図16-5　電極式と焙炒式でつくったイースト発酵パンの切片
（左：電極式：3等分、右：焙焼式：5等分）

では3等分（図16-2を3等分）、焙炒式では5等分して焼いたためで、焼成方法の違いによるものではない。

イースト発酵させた練り状生地（強力粉）を実験用パン焼き器でつくった電極式のパンは（図16-5左）、外部から熱を加えて焼くのではないため表面が焦げずに白いパンになった。一方、オーブンで焼いた焙炒式のパンは（図16-5右）、市販の食パン等と同様に表面に褐色の焼き色がついたパンになった。

また、電極式では通電時に生地の温度が100℃までしか上がらないため、イーストの香りがにげにくく、焙炒式に比べイーストの香りがきわだち、おいしいパンになった。

焙焼式と電極式のパンの焼成時間を比較すると、焙焼式では、オーブンの余熱に10分、焼成に19分の計29分かかったが、電極式は11分でできたため、電極式の方が熱効率が良いことがわかった。

(2) 焙焼式と電極式によるパン焼きの比較および製造工場の実例

オーブンでパンを焼く焙焼式は、生地自体が発熱する電極式に比べ、予熱が必要で熱効率が悪いうえに、設備が大きくなるため経済的ではない。そのため戦後になって、パン粉製造業界に新規参入した関西地方の業者では、経済的な電極式パン焼き器が広まり、現在まで続いて製造されている。実際のパン粉製造工場では、電極式と焙炒式の両方式でパン粉が製造されており、パン粉のキメ、油切れなどを、顧客が所望する性質に合わせて、電極式か焙焼式のいずれかの方法が選択され製造されている。

現在のパン粉製造工場で使用されている電極式パン焼き器を図16-6に示す。なお、本節の再現実験でつくった電極式イースト発酵パン（図16-2）と、工場で製造された電極式イースト発酵パン（図16-6右）は、ほぼ同等のものである。

パン粉製造工場では、ポリプロピレンケースに50 cm × 50 cm程度の純チタン極板を、極板間隔を12 cm程度に対向立置きに配置して、200 V交流電源で通電して製造されている。業務用・市販用のいずれの電極式パン粉用のパンも製造方法は同じである。

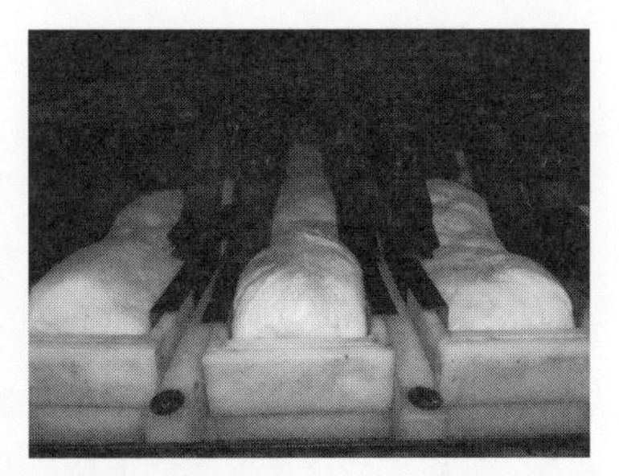

図 16-6　左：パン粉製造工場の業務用の電極式パン焼きケースおよびチタン電極　右：電極式パン粉用イースト発酵パンの実例

電極式パン粉が導入された当初は、木製ケースが使用されていたが、パンに木片が混入することがあったため、現在は安全性のためにポリプロピレン製ケースが使用されている。不純物が混入する恐れがなくなり安全性が高まった一方で、ポリプロピレンは木のように吸水性がないため、各工場で水分を調整するための工夫がなされている。

3. イースト発酵パン（強力粉練り状生地）とふくらし粉パン（薄力粉液状生地）の電流特性の比較

本節では、イーストで発酵させたパン生地（強力粉練り状生地）とふくらし粉パン（薄力粉液状生地）に通電したときの電流特性の差異について、これまでに行った以下の 3 つの実験を比較して検討する。

前節の再現実験における電極式パン粉用のイースト発酵パン（強力粉練り状生地）（図 16-7 ＊印、図 16-4 ○印の再掲）、ふくらし粉パン（薄力粉液状生地）（図 16-7 ○印、図 12-5 ○印の再掲）、塩抜きふくらし粉パン（薄力粉液状生地）（図 16-7 ×印、図 12-5 ×印の再掲）を、図 16-7 に示す。

塩を含む、イースト発酵パン（強力粉練り状生地、＊印）、ふくらし粉パン（薄力粉液状生地、○印）の電力の時間変化は、小麦デンプンの糊化の進行と水の蒸発による析出にしたがい、2 コブ型の電流特性となったことから、強力粉と薄力粉、液状生地と練り状生地、イースト発酵とふくらし粉のそれぞれの違いは、2 コブ型の電流特性には大きく影響しないことがわかった。

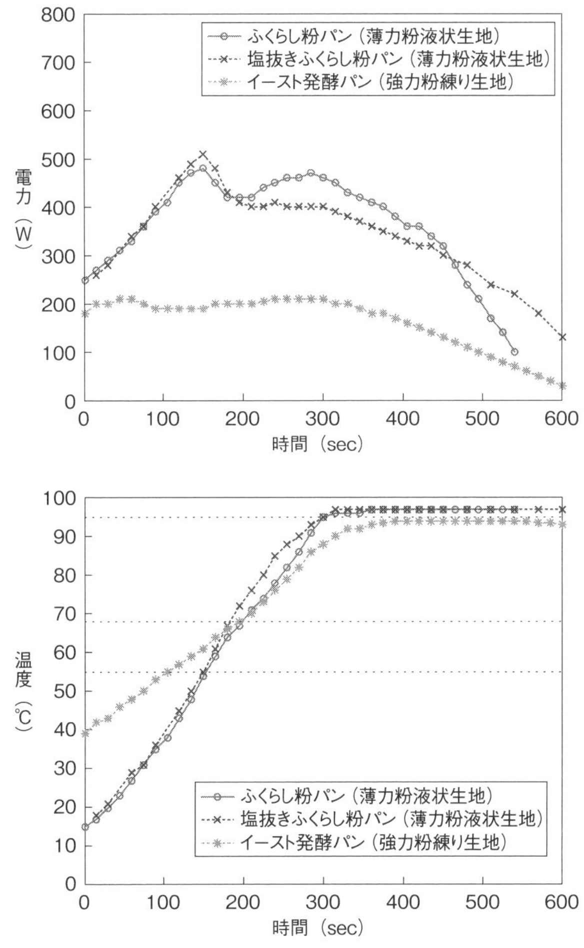

図 16-7　上：ふくらし粉パン（薄力粉液状生地、○印）、塩抜きふくらし粉パン（薄力粉液状生地、×印）、イースト発酵パン（強力粉練り生地、＊印）の電力の時間変化
下：温度の時間変化

一方、塩を含まない、塩抜きふくらし粉パン（薄力粉液状生地、×印）は、デンプン糊化終了後の電力最底からの電流の増加がふくらし粉の発泡によって阻害され、電力が平坦になり第2ピークが見かけ上あらわれないまま、析出により電力が低下する1コブ型であった（電力の第2ピークが塩により起こ

る現象であることは第12章で述べた)。

また、イースト発酵パンでは、図16-7をみると、強力粉の糊化の開始から終了までの温度帯が、通常の薄力粉小麦デンプンの温度帯（55℃から68℃、表12-1）よりも、低い方へ5℃程度全体的にずれて、50℃から63℃になっていることがわかる。ここで、強力粉の糊化温度帯の確認実験をするために、図16-7○印の基本のふくらし粉パンの配合（薄力粉150 g、塩0.4 g、ふくらし粉6 g、砂糖25 g、水190 g）において、薄力粉だけを同量の強力粉に変えた液状（練り状でない）生地を作り電極式強力粉ふくらし粉パンを焼くと、発酵パンの場合と同様に、強力粉のデンプンの糊化温度帯が、薄力粉よりも5℃低くずれて（50℃から63℃）電流変化が起こった。水温上昇も薄力粉の場合と変わらないので、糊化開始による第1ピーク位置（時刻）が30秒ほど早くなり、そのときの電流値は薄力粉に比べ、10％程度小さくなるだけで、焼き上がり時間も変わらず硬いパンができる。この実験により、薄力粉と強力粉デンプンは、デンプンの種類の違いにより糊化温度帯が変わっていることがわかった。なお、発酵パンの熱効率は、液状パンの約70％に比べて10％程度下がった。

4. 電極式調理による食パンの作成と電流特性の検討

第2節で行った、電極式パン粉用のイースト発酵パンは、パン粉に加工されるため、パン自体の味は重要視されておらず、そのまま食用にしても問題はないものの、一般の食パンに比べて味が劣る。そこで、本節では、より味を重視した食パンの配合で、第2節で行った電極式パン粉用イースト発酵パンの再現実験と同じ方法で食パンをつくり、さらに電流特性を検討した。

電極式パン粉用の発酵パンの配合は、日清カメリヤ小麦粉（強力粉）150 g、SAFドライイースト4.5 g、塩1.5 g、無塩バター5.0 g、砂糖2.5 gを水100 gであったが、味を重視するために、塩、バター、砂糖を増量して、日清カメリヤ小麦粉150 g、SAFドライイースト4.5 g、塩2.0 g、無塩バター15.0 g、砂糖10.0 gに配合を変更した。生地の作成から発酵および通電までは、第2節で行った電極式パン粉用発酵パンと同様に行った。

パン粉用配合生地（×印）と食パン用配合生地（○印）に通電後の、電力および温度の時間変化を、図16-8に示す。電極式パン粉用のイースト発酵パン（図16-8 ×印）の塩1.5 gに対し、食パン用（図16-8 ○印）では塩を2.0 gに

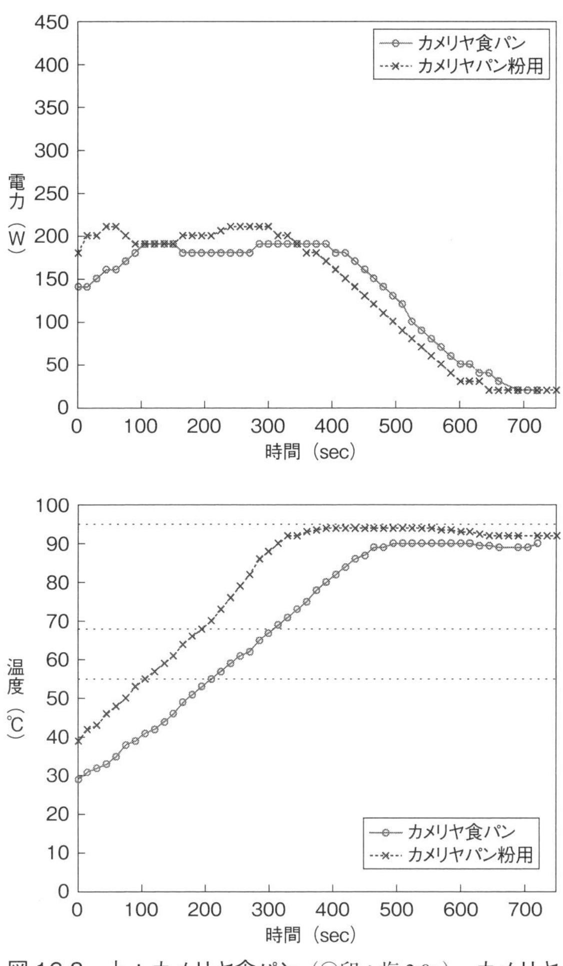

図16-8　上：カメリヤ食パン（○印：塩2.0g）、カメリヤパン粉用パン（×印：塩1.5g）の電力の時間変化　下：温度の時間変化

増量したが、発酵練り状生地では、液状生地に比べ、塩の量に電流増加が敏感ではないので、ほぼ同じ電力推移を示した。図 16-8 で両者のピークがずれているのは、それぞれ実験用パン焼き器内で 2 次発酵させた後の温度、すなわち、通電開始時の温度の違いによる影響である。

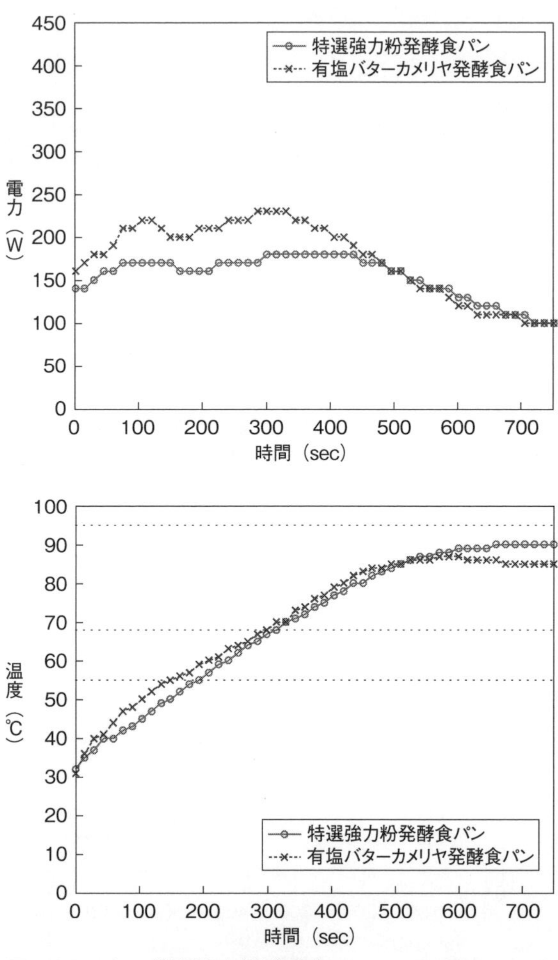

図 16-9　上：特選強力粉発酵食パン（○印、塩 2.0g）と有塩バターカメリヤ発酵食パン（×印、塩 2.21g）の電力の時間変化　下：温度の時間変化

次に、食パン用（図16-8 ○印）の強力粉をカメリヤ（タンパク質12%）から、日清パン専用特選強力粉（タンパク質13%）に変えたものと、カメリヤ強力粉のまま、食パン用の無塩バター15 gを同量の有塩バターに変えたものを実験用パン焼き器で焼き上げ、それぞれ比較した。なお、無塩バターを有塩バターに変更すると、有塩バター中に塩が10.5%含まれるため、0.21 gの塩が生地に加わり、パン生地中の塩分量は2.21 gになる。電力および温度の時間変化を図16-9に示す[3)]。

カメリアを使用した食パン（前掲図16-8 ○印）と、パン専用特選強力粉を使用した食パン（図16-9 ○印）は、電流特性が2コブ型、熱効率が60%程度、完成時間が約11分と、ほぼ同じであったことから、小麦粉の種類は、電流特性、熱効率、完成時間に大きく影響しないことがわかった。

ただし、でき上がりの食パンの味は大きく異なった。他にも、10数種類の強力粉を試したところ、電極式イースト発酵パンでは、日清特選強力粉が一番おいしいかった。

有塩バターを使用した食パン（図16-9 ×印）は塩分量が増えるため、無塩バターを使用した食パン（前掲図16-8 ○印）に比べて、ピーク電力が約30%増えた。しかし、焼き上がるまでの時間は変わらなかった。以上をまとめたものが表16-1である。

表16-1　イースト発酵パンの電流特性

小麦粉（強力粉）種類	塩	熱効率	ピーク	蒸発水
カメリヤ	1.5 g	63%	210 W	16%
カメリヤ	2.0 g	59%	190 W	13%
カメリヤ	2.21 g	55%	230 W	20%
パン専用特選	2.0 g	53%	180 W	15%

ここで、タンパク質を重量比で13%含む強力粉を使用した発酵パン練り状生地と、タンパク質8.9%の薄力粉によるふくらし粉パンの液状生地と、同じ薄力粉をこねてタンパク質をグルテンに変えたふくらし粉パンの練り状生地の3つについて、水量に対する小麦粉量や塩量に関して電流特性をまとめると、

表 16-2　小麦粉による各種パンの電流特性

パンの種類と掲載章（小麦粉の種類、生地状態、膨張方法）	水/小麦	塩/水	熱効率	ピーク	蒸発水	完成
ふくらし粉パン基本配合（第 12 章）（薄力粉、液状、ふくらし粉）	1.27	0.21	69%	480 W	16%	8 分
模擬練りパン（第 15 章）（薄力粉、練り状、ふくらし粉）	0.76	1.06	62%	780 W	21%	13 分
電極式食パン（第 16 章）（強力粉（特選）、練り状、イースト発酵）	0.67	2.0	59%	190 W	13%	11 分

表 16-2 となる。

電力は、小麦粉に対して水の量が多いときに、塩分量を多くすると敏感に大きくなった。

また、パン生地は、液状の時よりも、こねてグルテンを出して練り状にした方が、電流が多く流れた。

熱効率は、蒸発して減った水の量をもとにパン焼成に使われた熱量を計算して求めているが、全体の水の量が少ないと、熱効率は 10%程度下がる傾向にあった。また、電力も小さくなった。

注および参考文献

1) 清水康夫「通電式製パン法とチタン通極板について」『食品と科学』食品と科学社、5 月号、1988、pp.114-117.

2) 阿久津正蔵『パンの上手な作り方と食べ方』主婦之友生活叢書、1947.

3) 図 16-9 では、○印、×印の両グラフとも 100 W 以下が測定できない電流計を使用したために、100 W で切れている。

第17章

電極式ホットケーキおよび卵を泡立てた生地（薄力粉）による電極式スポンジケーキの作成と電流特性の検討

本研究では、これまで終戦後に一般家庭で普及した、小麦粉、塩、ふくらし粉を水で溶いた液状生地（本研究の基本配合では砂糖も加えている）に通電してつくる、いわゆる電気パンを、再現してふくらし粉パンとし、学生実験での活用や科学的な特性の調査等を行ってきた。

現在、家庭で一般的につくられているホットケーキや蒸しパンは、このふくらし粉パンの配合に卵や牛乳を加えたものである。そこで本章では、電極式の実験用パン焼き器で卵や牛乳を加えたホットケーキをつくり、電流特性を調べる。さらに、市販のホットケーキミックスでも同様の実験を行い、ふくらし粉パンの電流特性と比較する。

また、ショートケーキなどの土台となるスポンジケーキは、ふくらし粉やイースト発酵によって生地を膨らませるのではなく、あらかじめ泡立てて空気を含ませることで膨らませた卵を、小麦粉などの材料と混ぜ合わせてつくる。そこで、この泡立てたスポンジケーキ生地を、電極式の実験用パン焼き器で焼成して電極式のスポンジケーキを作成する。さらに、ホットケーキのように混ぜた卵や、スポンジケーキのように泡立てた卵の生地への入れ方による、電流特性の差についても調査する。

1. ふくらし粉パンの配合に卵と牛乳を加えた電極式ホットケーキと市販ホットケーキミックス使用の場合の電流特性の検討

はじめに、卵および牛乳が電流特性にどのように影響するかを調べるために、ふくらし粉パン基本配合と同量の小麦粉150 g、塩0.4 g、ふくらし粉6 g、砂糖25 gに、家庭で一般的につくられるホットケーキと同様に、全卵50 gと水180 gおよび牛乳10 gを加えたものを用意した。これらを混ぜて液状生地にしたものを、電極式パン焼き器に入れて通電した。電流および温度の時間変化を図17-1（○印）に示す。

また、市販のホットケーキミックス（日清）での電流特性を調査するために、ミックス粉150 g（食塩1.5 g相当を含む）、全卵37 g、水102 g、牛乳10 gを混ぜて液状生地[1]としたものを電極式パン焼き器に入れて通電した。電流および温度の時間変化を図17-1（×印）に示す。なお、比較のためにふくらし粉パン基本配合を図17-1（＊印）に示す[2]。

卵・牛乳入りふくらし粉パン（○印）、卵・牛乳入り市販ホットケーキミックス（×印）のいずれも、電流の時間変化が2コブ型の電流特性になった。したがって、ふくらし粉液状生地パンにおいては、卵および牛乳は、デンプンの糊化の進行と塩類の析出にともなう2コブ型の電流特性にはまったく影響しないことがわかった。

電力のピーク値への卵と牛乳の影響を比較すると、卵・牛乳入りふくらし粉パン（○印）は、加えてない基本配合（図17-1 ＊印）の約1.2倍で、卵と牛乳を加えた方が高かった。また、卵・牛乳入りの配合どうしの電力のピーク値を比較すると、ホットケーキミックス（×印）が、ふくらし粉パン（○印）の約0.7倍となり、ふくらし粉パンの方が市販のホットケーキミックスよりも高かった。

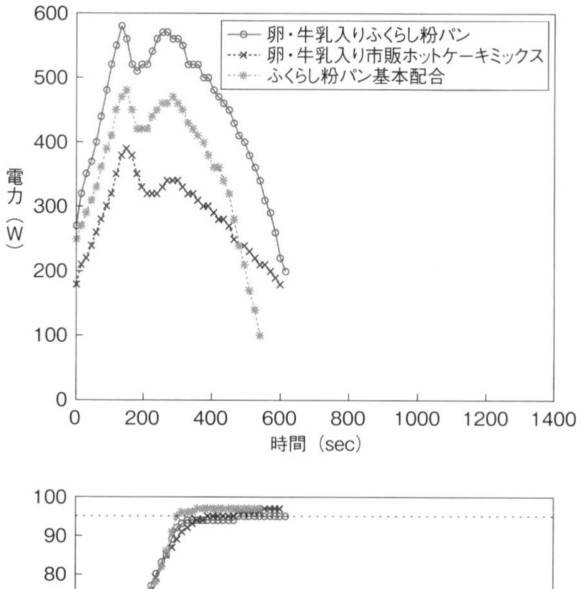

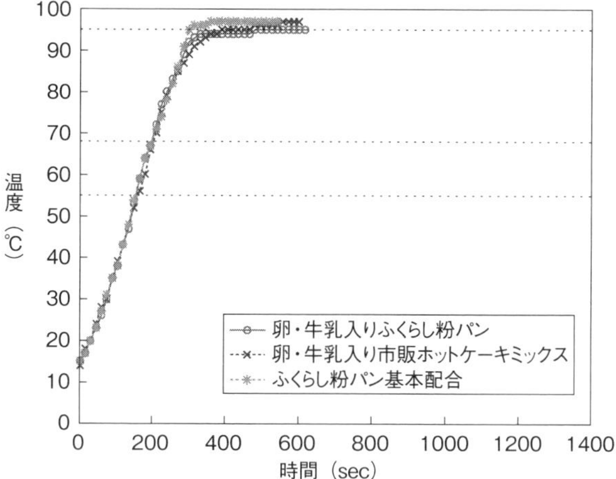

図 17-1　上：卵・牛乳入りふくらし粉パン（○印、塩 0.4 g）、卵・牛乳入り市販ホットケーキミックス（×印、塩 1.5 g）、ふくらし粉パン基本配合（＊印、塩 0.4g）の電力の時間変化　下：温度の時間変化

2. 電極式調理によるスポンジケーキの作成と電流特性の検討

本節では、電極式調理によるスポンジケーキの作成を試みる。その際、電極式の調理器具として電極底面設置型ではなく、対向立置型の実験用パン焼き器を使用した。それは、底面設置型は電流上昇・下降が急であるが、対向立置型は電流の上昇・下降がゆっくりであるうえ、熱源が側面から均等に加わるため、ふくらし粉、イーストによる発酵、卵を泡立てるなどの方法で膨らませて食べる小麦粉食に向くと考えられるためである。

電極式調理によるスポンジケーキの配合は、全卵 100 g（M玉 2 個殻なし）、砂糖 40 g、塩 0.6 g、小麦粉（薄力粉）50 g、ふくらし粉 1.0 g、無塩バター 13 g、成分無調整牛乳 9 g とした。通電時に、金属の析出がないように成分無調整牛乳を使う[3)]。作成手順は次のとおりである。

全卵に、砂糖、塩を入れ、ミキサーで中速 3 分、低速 9 分でかき混ぜてツノが立つまで泡立て（全卵の黄身と白身に分けずに泡立てる共立て）、あらかじめふるった小麦粉（薄力粉）とふくらし粉を、少しずつ混ぜ合わせる。無塩バターを 50℃の牛乳で溶かした中に、卵と小麦粉を混ぜた生地の少量を入れて混合してから、生地の全体に戻した。このスポンジケーキの泡状生地を実験用パン焼き器に入れて通電し、その後、生地が膨らんだときにフタをした。焼き上がった電極式スポンジケーキを以下の図 17-2 に、電力および温度の時間変化を図 17-3（○印）に示す。これによって、全卵にただ薄力粉を混ぜた液状生地の場合（ホットケーキ）と、全卵を泡立てた生地に薄力粉を混ぜた場合（スポンジケーキ）との比較ができ、全卵の加工方法が、電極式調理の電流特性に与える影響が次の対比によって確認できる。

・電極式スポンジケーキ　（薄力粉 ＋ 全卵泡状生地 ＋ ふくらし粉）本章 2
・全卵入りホットケーキ　（薄力粉 ＋ 液状生地 ＋ ふくらし粉）本章 1

また、塩を増量および塩抜きにしたときの影響を調べるために、塩を約 2 倍にして、卵 120 g、砂糖 50 g、塩 1.2 g、小麦粉 60 g、ふくらし粉 2.0 g、無

図 17-2　電極式スポンジケーキ
（全卵を泡立てたスポンジケーキの泡状生地に通電）

塩バター 15 g、牛乳 10 g の配合（図 17-3 ×印）、および塩を 0 g にした卵 100 g、砂糖 40 g、塩 0.0g、小麦粉 50 g、ふくらし粉 1.5 g、無塩バター 15 g、牛乳 10 g（図 17-3 ＊印）も同様に実験を行った。電力および温度の時間変化を図 17-3 に示す。

卵を泡立ててつくる泡状生地の電極式スポンジケーキ（図 17-3 ○印）を、電極式調理で 22 分でつくることができた。同量を家庭用オーブンで焼く場合には、予熱 10 分で 180℃まで上げ、180℃で 25 分間、向きを変え 5 分間焼くため合計で 40 分かかることから、電極式調理の熱効率の優位性をあらためて確認することができた。

電力の時間変化は、蒸発にともなう第 2 ピークはあらわれず、デンプンの糊化開始にともなう第 1 ピークのみあらわれる 1 コブ型の電流特性になった。同じように卵を入れたふくらし粉パンの液状生地では 2 コブ型になったため、電流特性は異なる結果となった。

塩を 2 倍にした電極式スポンジケーキ（図 17-3 ×印）では、電力ピークが約 2 倍になった。電力の時間変化は塩増量前と同様に電力の第 2 ピークはあらわれず、デンプンの糊化開始にともなう第 1 ピークしかあらわれない 1 コブ型となった。

塩抜きスポンジケーキ（図 17-3 ＊印）は、塩が少ないため電力ピークは 90 W と他と比べて低いが、電流特性は塩増量前と塩 2 倍と同様に、第 1 ピークのみの 1 コブ型になった。

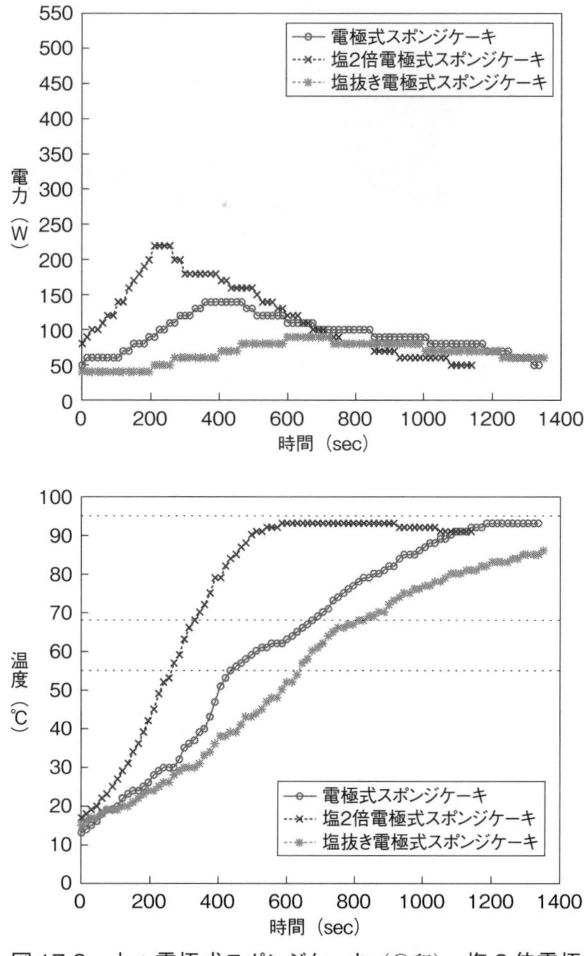

図 17-3　上：電極式スポンジケーキ（○印）、塩 2 倍電極式スポンジケーキ（×印）塩抜き電極式スポンジケーキ（＊印）の電力の時間変化　下：温度の時間変化

いずれも、実際には、糊化終了で電流下降は一旦止まり、平坦になった後、徐々に電流が下がるようになり、蒸発とともに急に電流は下がりだす。このとき、図 15-2 ＊印のような模擬練りパン（薄力粉練り状生地とふくらし粉）の電流特性と似た現象が起こり、一見して 1 コブのように見えることがわかっ

た。

第1ピークのみの1コブ型の電流特性になった原因は、生地の状態が泡状であるうえに、量の少ない小麦粉（50 g）が混合された状態であるために、デンプン糊化終了時から蒸発時に、生地のスポンジ構造が固形化されて、デンプン粒の破裂が電流増加に影響しないことが関係していると考えられる。

なお、熱効率は蒸発した水分量から求めているが、卵（100 g）に含まれる水分の蒸発に必要な熱エネルギーを算定できないため、従来の方法で電極式スポンジケーキにおける熱効率を計算できないので、ここでは求めていない。

なお、牛乳9 gを増量したり（9 gから22 gへ）、リコッタチーズを加えたりすると、水分が増すので、1コブの第1ピーク電流値は1.3倍になり、出来上がり時間も22分から14分へ短縮できる。リコッタチーズは、無塩バターと牛乳と一緒に溶かして入れ、泡立て生地全体に戻す。このとき電流特性は、リコッタチーズを入れる前と同様に、1コブ型となり、第1ピーク電流は150 Wから200 Wに上がる。リコッタチーズを入れる代りに、牛乳を24 gに増やすと、同様に水分が増えるのでリコッタチーズの場合とまったく同じ電流特性になる。

・牛乳9 gの場合：図17-3 ◯印　出来上がり：22分
・牛乳9 g＋リコッタチーズ20 g（もっとおいしくなる）出来上がり：14分
・牛乳24 g　出来上がり：14分

注および参考文献

1）この配合は、日清ホットケーキミックスに掲載されているレシピ通りである。
2）図12-3 ◯印の再掲であるが、軸の目盛は異なる。
3）神奈川大学理学部では、パン素材として市販のホットケーキミックスを使わず、日清フラワー薄力小麦粉、食塩、上白糖、アイコクベーキングパウダーを混ぜて使うが、通電時にこの配合では金属等が析出したことがない。ただし、この配合に、M社の調整牛乳を混ぜたところ析出が起こった。

第Ⅲ部　科学編のまとめ

本研究では、電極式のふくらし粉パン・イースト発酵パン・ホットケーキ・スポンジケーキについて、小麦粉の種類（薄力粉と強力粉）、パンを膨らませるための気泡の発生方法（ふくらし粉・イースト発酵・卵の泡立て）、電解質の有無（塩・ふくらし粉・水道水・小麦粉）、生地の状態（液状生地・練り状生地・泡立て生地）の各条件によって、電極式調理における電流の時間変化がどのような特性になるのか研究を行った。

また、炊飯においては、水に加える電解質の種類（水道水・塩水・ふくらし粉水）や、電極の位置（底面設置・対向立置）や電極間距離による炊飯への影響および電力の時間変化がどのような特性になるのか調査を行った。

その結果を、デンプン糊化の進行と水の蒸発による電解質の析出にともなう2コブ型の電流特性を基本として整理したものが、表18-1である。配合や調理によっては、見かけ上、1コブ型の電流特性になることがあることをあきら

表18-1　電極式調理によるパン焼きと炊飯のピーク電流特性

電解質の有無	パン（小麦粉）	炊飯（米）	第1ピーク	最低電流	第2ピーク	
水道水	小麦粉のみ		△	△	○	1コブ（第2）
	塩抜き発酵パン（強力）		×	×	○	1コブ（第2）
		水道水炊飯	×	×	○	1コブ（第2）
塩	ふくらし粉抜き塩水パン		○	○	○	2コブ
	塩水発酵パン（強力）		○	○	○	2コブ
		塩水炊飯	○	○	○	2コブ
ふくらし粉	塩抜きふくらし粉パン		○	△	△	1コブ（第1）
		ふくらし粉水炊飯	○	△	△	1コブ（第1）
塩、ふくらし粉	ふくらし粉パン（練り状生地）		○	△	△	1コブ（第1）
塩	電極式スポンジケーキ		○	×	×	1コブ（第1）

かにした。

これまで、電極式調理について科学的な研究を進めてきたが、電極式調理の特徴によって生じるメリットを、以下に３点挙げる

①電極式調理においては、水が存在しているため100℃以上に上がらない。したがって、イースト発酵させたパンを電極式パン焼き器でつくると、焼かないので表面が焦げていない白いパンになり、イーストの香りがきわだつパンになる。

②電極式パン焼き器を開発した阿久津正蔵の上司である川島四郎は、お釜で「炊く」という、炊き上げた後に釜底に一滴の水も残さず米を狐色に色づけるこの炊飯法は、世界に類例のない日本だけの独特の炊事法であるといっている。電極式調理による炊飯では、底面に設置された極板先端部の放電によって焦げることはあっても、狐色にはならない。しかし、デンプンの糊化の進行にともなう電流変化によって、羽釜で行われていた理想的な熱源火力変化が自発的に生じるうえに、蒸発により炊き上がったあとには勝手に電流が切れるという便利な機能が内在している。炊飯は、糊化の過程そのものである。

③電極式調理では、パン生地や炊飯水自体が発熱するので熱効率が70％程度と高い。

一方で、電極式調理の難点として、塩などによる調理にかかる適切な電流調整が難しいこと、感電の危険がともなうことなどが挙げられる。

また、電極が底面に設置されている装置として、炊飯はタカラオハチや厚生式電気炊飯器など実用化もされているが、パンは焼くことができないことがわかった。また、炊飯においても、電極を対向立置き型にした装置で炊飯した方がおいしいこともわかった。

これまでの実験によって電極式調理時の電流特性を確認した、薄力粉の液状生地のふくらし粉パン（電気パン）、薄力粉の練り状生地の模擬練りパン、強力粉の練り状生地のイースト発酵パン、薄力粉の液状生地に卵・牛乳を加えた

ホットケーキ、卵を泡立て薄力粉と混ぜた泡状生地のスポンジケーキ、塩水と水道水による炊飯についての結果をまとめたものを、以下に6点示す。

①実験した電極式調理では、デンプンの糊化の進行と水の蒸発にともなって、2コブ型の電流特性になる。糊化の開始で第1ピーク、糊化の終了で最底電流、電流が上がり始めて蒸発にともない第2ピークをとる。2コブ型の形は、でんぷんの種類による糊化の温度帯（開始と終了）により変わる。

②加えた電力に対する調理に使われたエネルギー（蒸発した水の量と仮定）の比で求めた熱効率は、電極式調理では、ほぼ70％になる。強力粉のイースト発酵パンの場合は29分（オーブンの場合には190℃までの予熱に10分、焼成に19分）かかるのに対し、電極式の場合は、余熱が不要で11分で焼ける。これは、電極式が、生地自体がジュール熱により発熱するので熱効率が良いことを示す。

③蒸発にともない、電離したイオンが析出するので、焼成時には勝手に電流が流れなくなるという優れた性質をもつ。また、調理温度は100℃までしか上がらない。

④チタン極板を使えば、現在も続く業務用電極式パン粉に対する食品衛生法の規定に準ずる食品安全性が保てる。チタン1種極板厚0.5 mmとステンレス極板0.6 mmの電流特性は、ほぼ同等である。

⑤水道水で炊飯するために、底部の極板間隔を1cm程度にしたL字電極や底面設置型の電極による電極式調理では、沸騰した泡が極板にふれ、電流を阻害するために、電流値が50％程度もふらつき不安定になる。対向立置型の極板（陸軍仕様）では、不安定になることはなく、側面から均等に加熱でき、ムラにならない。水道水では、イオンが少ないのでデンプンの糊化の進行による電流の増減が明確に現れず、蒸発による第2ピークのみが表にあらわれるので見かけ上は1コブ型に見える。

⑥これまでに試行事例がない、全卵を泡立てて薄力粉と混ぜた泡状生地の電極式スポンジケーキの電流特性は、薄力粉の練り状生地である模擬練りパ

ンの電流特性と似た、デンプンの糊化の開始にともなう第1電流ピークが顕著に表れる特性となることがわかった。

なお、本研究において電極式の実験用パン焼き器で作成した、さまざまなパン焼きと炊飯の配合と作成過程をまとめたものを、以下の（1）～(5）に示す。また、使用器具や実例を表18-2に示す。

（1）基本ふくらし粉パン（薄力粉液状生地）

1）配合：小麦粉（薄力粉）150 g、ふくらし粉6 g（重曹1.5 g（6 gの1/4））、塩0.4 g、砂糖25 g、水190 g

2）作成過程：材料を混合したものを電極式パン焼き器に入れて通電する。9分で1 Aまで下がりできあがる。

（2）基本炊飯（塩添加）

1）配合：米150 g（水切り後14 g増える（餅米150g））、塩0.4 g、水230 g（30分浸す（餅米の場合は180 gで浸さない））

2）作成過程：電極式パン焼き器に入れて通電後、デンプン糊化終了温度の93℃に達する少し前（最少電流（11分で2.5 A））にフタをする。

23分で1 Aまで下がった後、電源を切り5分間蒸らす。

お櫃型の底に極板（間隔1cm）を置くケースでは、水道水でも23分で炊飯可能であるが、ピークで2 Aにしかならない。お櫃型は熱源が底にしかなく沸騰で電流が不安定で、均一に炊飯できずあまりおいしくない。立てた極板のケースは、横から均一に加熱できるのでおいしい。

なお、餅米の糊化温度帯は、うるち米（60℃から93℃表12-1）より高い64℃から95℃であるため、糊化終了（電流最底）温度と蒸発温度(95℃）が等しいため、第2ピークはあらわれず、第1ピークだけの1コブの電流特性になる。第1ピーク電力値は、うるち米より15％小さく340 Wになり、初期電流値もほぼ変わらないが、電流上昇が早いため水温上昇も早くなるので糊化の進行が速く、餅米の炊飯は20分でうるち米より早く炊き上がる。

(3) イースト発酵食パン（強力粉練り状生地）

1）配合：小麦粉（強力粉）150 g、ドライイースト 4.5 g、塩 2.0 g（1.5 g）、砂糖 10 g（2.5 g）、無塩バター：15 g（5 g）、水（33℃）、100 g

2）作成過程：材料を混合して捏ねた後、25（20）分間 42（60）℃で 1 次発酵させる。ガス抜き後に 3 等分して丸めて成型したものをパン焼き器に入れ、パン焼き器ごと、25（26）分間 42（63）℃で 2 次発酵させる。

　通電してから 11 分経過後 0.3 A となり、14 分までは通電しフタをして蒸らす（0.2 A）。

（　）内は電極式パン粉用パン

(4) パン粉用模擬練りパン（薄力粉練り状生地）

1）配合：小麦粉（薄力粉）225 g、ふくらし粉 9 g（7 g）、塩 1.8 g（1.2 g）、砂糖 4 g（20 g）、ショートニング 7.5 g（9 g）、水：170 g（170 g）

2）作成過程：材料を混合後、電極式パン焼き器に入れて通電すると、10 分に 0.8（1.2）A となり 13（18）分まで通電してフタなしで蒸らす。

（　）内は味を向上させたもの

(5) 電極式スポンジケーキ（全卵を泡立てる）

1）配合：全卵M玉 2 個（100 g殻なし）、小麦粉（薄力粉）50 g、砂糖 40 g、無塩バター 13 g、牛乳（成分無調整）24 g（または、リコッタチーズ 20 g＋牛乳 9 gにすると味がよい）、ふくらし粉 1.0 g、塩 0.6 g

2)作成過程：全卵と砂糖と塩を泡立て、そこに小麦粉とふくらし粉を混ぜ、溶かした無塩バターと牛乳を入れ生地を作り、電極式パン焼き器に入れてフタをして 14 分通電する。

表 18-2　電極式調理の実演リスト（チタン 1 種極板）

立型	ふくらし粉パン （8 分）	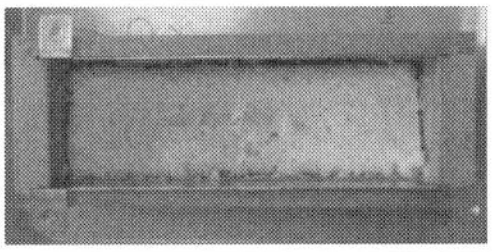 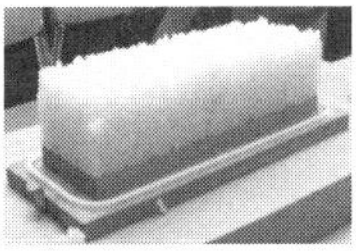
	イースト発酵パン （11 分）	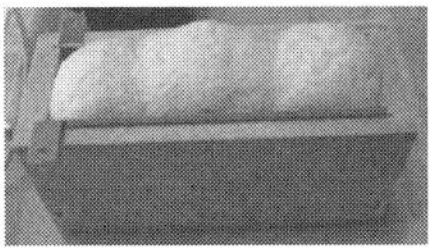 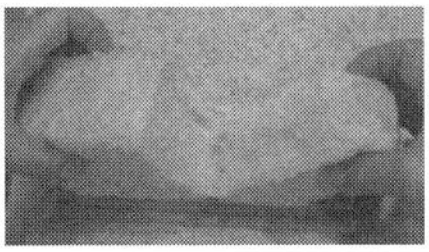
	電極式スポンジケーキ （14 分）	 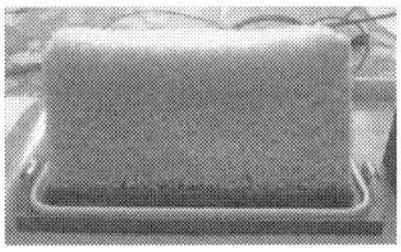
	模擬練りパン（13 分）	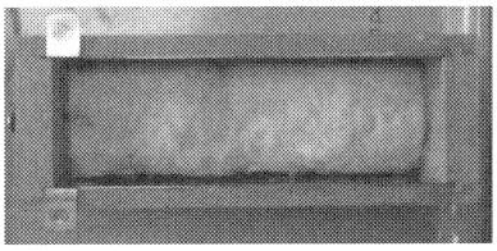 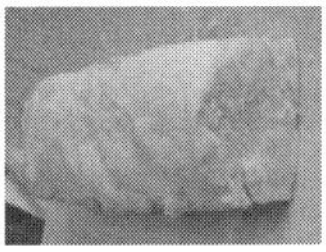
	炊飯（23 分）	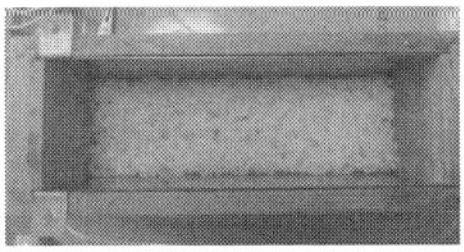 
	水道水炊飯 （櫛の歯：29 分）	
おひつ型	水道水炊飯 （櫛の歯：33 分）	 
	水道水炊飯 （同心円：23 分）	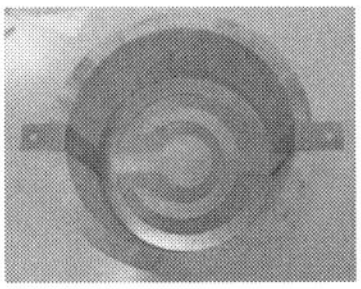 

終　章

食品に直接通電して加熱調理する電極式調理は、我々の生活に深く関わっているものの、オーブン等の電熱式の調理やＩＨ等の電磁式の調理と比べると、あまり知られていない。

そこで、電極式調理を終戦直後に広く一般家庭に普及した過去の調理技術としてとどめてしまうことのないように、電極式調理が開発された経緯から現在の食品製造業における活用状況に至るまでの歴史的な経緯、学校の理科教育を中心とした電気パン実験の活用方法・状況などについて調査・研究を行った。さらに、電極式調理によるパン焼きや炊飯時の材料の種類や水分量、膨張方法や極板の種類などの違いにおける電流特性などについて、科学的な実験・研究も行った。この電極式調理に関して、電気パンを核にして「歴史」「教育」「科学」の３つの視点から調査・研究を行って得られた成果の概要は、以下の通りである。

1. 歴史編のまとめ

第Ⅰ部の歴史編では、日本の電極式調理の歴史を草創期からたどり、電極式調理技術の開発の経緯、終戦後の電気パン・電極式炊飯器の普及度、現在のパン粉製造における電極式調理の状況等について、文献や関係者からの聞き取りを中心に調査を行った。調査結果の概要として以下の４点を示す。

①通電加熱の食品利用に関する最も古い記録は、1927（昭和2）年に出願された「清酒加熱器」の実用新案であった。実際に実用化されたのは、1933（昭和8）年に阿久津正蔵が研究を始め、1937（昭和12）年には戦場に配置された陸軍炊事自動車に搭載された電極式の炊飯器であった。

②終戦後、炊事自動車に搭載された電極式の炊飯器の技術が応用され、一般家庭向けの電極式炊飯器として国民栄養協会から厚生式電気炊飯器、富士

計器からタカラオハチが販売された。したがって、電極式調理の源流は、パン焼きではなく炊飯であった。

③ 1943（昭和 18）年 12 月出版の阿久津正蔵著『パン科学』に電極式のパン焼き器が記載されており、戦時中に電気パンを食べた経験談もあるが、広く一般に普及したのは終戦後であった。国民栄養協会などから電極式パン焼き器が販売されるだけでなく、作り方が主婦・子供・電気技術者向けのさまざまな書籍で取り上げられたことから、一般家庭で木材と金属板を用いて自作され、終戦後の短期間に広く普及した。電極式炊飯器よりも電気パンの方が、一般家庭に広く普及したものの、使用されたのは終戦から数年程度の短期間であった。

④電極式の調理技術は、昭和 30 年頃から、パン粉業界で使用され、褐色の部分を含まない白色の均一なパン粉が得られることや、熱効率が高いことから普及が進んだ。現在は、チタン電極の使用によって、電極溶出の問題が解決し耐久性が向上したことから、パン粉用のパン製造の約半分がチタン電極による電極式製パンによって行われている。さらに、パン粉製造だけでなく、ジュースの殺菌やお酒の火入れに応用されるなど、電極式調理の活用の幅は現在も広がっている。

2. 教育編のまとめ

第Ⅱ部の教育編では、電気パンの学校教育における活用状況について、電気パン実験の教育利用の歴史から、活用方法・状況等について論文や書籍を中心に調査を行った。調査結果の概要として、以下の 4 点を示す。

①電気パンは、終戦直後に一般家庭に広く普及しただけでなく、同時期に、学校で教材としても活用されていたことが、教科用図書や中学生による研究発表や小学生の絵日記等からあきらかになった。しかし、その後 1950 年代から 70 年代には電気パンの教育活用に関する記録は見られなかった。

② 1970年代後半から80年代前半にかけて、成城学園初等学校や暁星小学校などで電気パンが教材化され、試行した教師や授業を受けた児童からも高い評価を受けた。80年代には化学教育編集委員会編『化学を楽しくする5分間』、仮説社『たのしい授業』、科学教育研究協議会編『理科教室』、後藤道夫著『電気パン焼き器を用いた生徒実験』、岐阜・愛知物理サークル『いきいき物理わくわく実験』などに電気パンが掲載された。この時期にさまざまな研究会やサークルや「青少年のための科学の祭典」等の科学実験イベント等で共有されたり、授業での活用方法等が検討されたりして、電気パン実験の認知度が高まった。

③電気パンは、小学校から大学院までの幅広い校種、理科・化学・物理のさまざまな科目の授業だけでなく、科学部の活動や文化祭の出し物等の多様な機会、また、学校だけでなく児童養護施設や科学館等のさまざまな場所で、現在まで幅広く取り組まれていた。

④通電時に使用するステンレス電極の成分がパンに溶出することから、電気パンを食べることへの危険性が指摘されたため、ステンレスに代わる材料として備長炭、鉄、グラファイトシート、スズ、チタンなどが検討されていた。しかし、現状では、ステンレスに代わる最適な電極素材はなく、電極付近を食べないように注意を払いながら行われている実状があきらかになった。

3. 科学編のまとめ

第Ⅲ部の科学編では、電極式調理によるパン焼き・炊飯・スポンジケーキづくりについて、それぞれ熱効率、電流と温度の時間変化と素材内のデンプン糊化や水の蒸発による電解質の析出等の関係、また、極板の素材や形状や設置方法について実験を行った。実験·研究結果の概要は、以下の6点である。

①電極式の炊飯およびパン焼きでは、デンプンの糊化の進行と水の蒸発による塩類の析出によって、電流の時間変化が2コブ型になった。電流は通

電開始後から上昇を続けるがデンプンの糊化が始まって粘度が高くなると低下するため、でんぷんの糊化開始時が第１ピークになる。糊化開始以降、電流は低下し続けるが、デンプン粒子が水分を吸収しきれなくなって破裂すると電流が再び上昇に転じるため、デンプン粒子の破裂時が２コブの間の最底電流になる。でんぷん粒子破裂後に電流は再び上昇するが、水が蒸発し塩類が析出し始めると再び低下するため、水の蒸発による塩類の析出開始時が第２ピークになる。

②２コブ型の電流特性は、炊飯とパン焼きの両方で同様に起こるため、デンプンの種類によらないが、デンプンの糊化開始温度と終了温度が、デンプンの種類によって異なるため、２コブ型のグラフの形状は変わる。

③加えたエネルギー（電力）に対する、加熱調理に使用されたエネルギー（蒸発した水の量から計算）の比で求めた熱効率が、電極式調理では約70％で、オーブン等の熱効率に比べて高い。

④小麦粉と重曹等を水に溶いたもの（戦後の電気パン）、小麦粉と水にイーストを加えて発酵させた生地（パン粉用のパンと同じ）のいずれも、電極対向立て置きのパン焼き器でつくることができた。薄力粉・強力粉の小麦粉の種類、液状生地・練り状生地の水分量、イースト発酵・重曹の膨張方法に関係なく、電極対向立て置きの電極式パン焼き器でパンを作ることができた。

⑤電極対向立て置きのパン焼き器では、極板間隔が広いと水道水では炊飯することができないが、塩を添加すれば炊飯できた。底部の極板間隔を１cm程度にしたL字電極や、底面設置型の電極の極板間隔を１cm程度にすれば、水道水でも炊飯することができた。

⑥イーストや重曹を加えずに卵を加えて泡立てたスポンジケーキも、電極対向立て置き型の電極式パン焼き器でつくることができた。

4. 結　語

電気パンは、終戦時を知る世代には空腹を満たすための調理方法、理科教師や科学館等の学芸員には効果的な理科の実験、食品加工・製造業の関係者には高温で調理せずに済む熱効率の高い画期的な調理技術であり、それぞれの関係者にとって、電極式調理は欠かせない経験・教材・技術である。

本書は、この画期的でありながらあまり知られていない電極式の調理技術に焦点をあて、電気パンを核に、電極式調理の歴史的経緯から現在に至るまでの活用例や教育利用について横断的・網羅的に調査・研究するだけでなく、電気パン・炊飯の再現実験や科学的な特性を研究して、得られた知見を体系的に整理し、電極式調理に関する総説としてまとめたものである。

なお、本書の第Ⅰ部歴史編、第Ⅱ部教育編を内田隆、第Ⅲ部科学編を青木孝が、以下の論文をもとに、大幅に加筆・修正し、再構成して執筆したものである。

第1章から第4章

内田　隆「炊飯を起源としパン粉製造に続く電気パンの歴史（1）―陸軍炊事自動車と厚生式電気炊飯器とタカラオハチ―」『東京薬科大学研究紀要』、第23号、2020、pp.1-14.

第5章から第9章

内田　隆「炊飯を起源としパン粉製造に続く電気パンの歴史（2）―終戦直後の電気パンの普及から現代のパン粉製造まで―」『東京薬科大学研究紀要』、第24号、2021、pp.1-16.

第10章

内田　隆「「電気パン」実験の教育史」『東京薬科大学研究紀要』、第25号、2022、pp.1-10.

第10章から第11章

内田　隆「「電気パン」実験の教材的意義の考察」『東京薬科大学研究紀要』、

第 21 号、2018、pp.41-48.
第 12 章から第 14 章
青木　孝「電極式パン焼き器を使った炊飯実験の特性理解」『神奈川大学理学誌』、第 29 号、2018、pp.5-12.
第 14 章、第 16 章
青木　孝「電極式底置き炊飯とイースト発酵食パンの性能評価実験」『神奈川大学理学誌』、第 31 号、2020、pp.25-32
第 15 章
青木　孝「電極式調理の発明からパン粉へ続く歴史および再現実験」『神奈川大学理学誌』、第 30 号、2019、pp.9-16.
第 17 章
青木　孝「全卵ホイップ泡状生地の電極式ケーキの特性のまとめ」『神奈川大学理学誌』、第 32 号、2021、pp.27-34.

おわりに

私が電気パンに出会ったのは、教師1年目に高校3年生が国社数理英体育家庭科…等から好きな科目を1つ選んで授業を受ける「選択理科」を担当したときです。「理科を選んだ生徒だからいろいろな実験をやってあげて」と言われたものの、教科書がない授業をイメージできず途方に暮れていた新任の私に先生方が様々なアイデアを提供してくれ、その中に増田雪生さん、西尾信一さんが教えてくれた電気パンがありました。

本当にパンができるのか、危険ではないのかという不安に加え、パン生地に電極を挿すことへの違和感もあったのですが、電源を入れて数分後に湯気が出始め次第に膨らんでいく様子を見て、興奮したことを覚えています。実験器具をつくるところから始めること、ショートさせて電流計を壊してしまう生徒がいることなど、理科教師に必要なことを体験的に学びました。

その後の授業で別のいろいろな実験をやってみると「色がきれい」「音にびっくり」と喜んでくれる一方で、前の実験よりも刺激が小さいと感動が薄かったり、時間が経つと忘れたりする生徒が多く、感覚的な驚きだけでなく、仕組みの理解や考えて予想するなどの知的な思考とのバランスが重要だと気付き、あらためて電気パンの有効性を認識しました。

私が、教材の歴史や背景に着目したのは、教材の活用法や有効性について語られることは多いものの、教材のつくり手でもある教員の役割や功績にはあまり触れられていないと感じ、教材を研究する教員の営みや職責にも焦点をあてたいと考えたからです。優れた教材を、いつ・だれが・どのような思い・経緯で開発したのかをまとめるにあたって最初に浮かんだのが電気パンでした。新任の私を助けてくれた思い入れのある実験教材でしたが、現在は衛生面や安全面への配慮等から、学校では次第に行われなくなりつつあったので、教材化の経緯を記録として残したいと考えたからです。

多くの教師がこれまで積み重ねてきた電気パンに関する実践・研究をまとめて2018年に報告したところ、大学の紀要にもかかわらず4年で約7000件のダウンロードがあり、関心のある人が少なくないことに驚きました。この報告を読んで連絡をくれた人の一人が共著者の青木孝さんで、神奈川大学での取り組みや電気パンの科学的な研究、さらに、陸軍炊事自動車や厚生式電気炊飯器やパン粉製造について教えてくれました。これらを再調査し、さらにあきらかになったことを追加・整理しながら、電気パン実験の起源が戦前の陸軍炊事自動車で、その技術が終戦後に電気パン・炊飯器で活用され、現在もパン粉製造の場で活躍していることに思いをめぐらせ、形を変えながら受け継がれていく技術と歴史の奥深さを感じました。

また、2018年には報告できなかった電気パンの教材化のきっかけの1つであるNHK「みんなの科学」や成城学園初等学校の取り組みと、再調査で見つけることができた実践・研究を本書に追加することができました。先人達の実践・研究報告を読むと、科学の原理・法則をわかりやすく目に見える形で示す教材、体験しながら気付きを促す教材、理解を深める教材を探して試行・評価・改良する教員の思いや工夫が詰まっていることを実感しました。背景にある活字化されていない実践・研究が多くあることに思いをはせながら、様々な教材に敬意を表しつつ活用し、改良しながら継承する、利用者とつくり手の両視点を忘れてはいけないという思いを強くしました。

終戦から77年が経過し電気パンを経験した人の高齢化が進んでいますので、調査研究を深めて本書の完成度を高めることよりも、不十分でも早く世に送り出すことを優先しました。本書を読んだ方から、新たな知見・情報・経験談が得られれば、語り継いでいきたいと考えています（tmuchida@trust.ocn.ne.jp）。本書が終戦後の電気パン・電極式炊飯器の経験者、学校等で電気パンを経験した教師や生徒、様々な専門家の知識や経験をつなげ、潜在している研究事例や活用事例を顕在化させる契機となれば幸いです。

本書ができあがるまでには、多くの方々からご教授・ご協力を頂きました。元成城学園初等学校理科教諭で現在学習院大学教育学部教授 飯沼慶一氏、元成城学園初等学校長 立木和彦氏、元成城学園初等学校理科助手 森山朋子氏、湘南学園小学校教諭 髙橋慎司氏、NHK「みんなの科学 たのしい実験室」司会者で元東京都立高校校長 安井幸生氏、全国パン粉工業協同組合連合会事務局

長 藤川満氏、タカ・デザイン室（軍装研究）高橋昇氏、調布市郷土博物館 芝崎由利子氏、宇和島市吉田ふれあい国安の郷 河野哲夫氏、平塚市博物館 浜野達也氏、東村山ふるさと歴史館 大藪裕子氏、坂戸市立歴史民俗資料館 長谷川啓子氏、山本良太氏、埼玉県平和資料館 服部武氏、レトロ家電コレクター増田健一氏、昭和家電専門家 仲世古隆貴氏、他にも多くの先生方や一緒に実験をしてくれた生徒達にこの場をお借りして心から感謝申し上げます。

内田　隆

本書は、第III部の冒頭にも書きましたが、青木が、およそ20年前に立ち寄った、東京の昭和のくらし博物館で、電極式パン焼き器の再現展示を見て、大学の物理学学生実験で使っている自作のパン焼きケースを勝手に寄贈したことにより始まりました。その後、6年前、突然に、小泉和子館長から、2016年8月の昭和のくらし博物館の企画展「パンと昭和」（小泉和子（2017）『パンと昭和』河出書房新社）に当たり、電極式パン焼き器の実演の依頼を手紙で受けて、その実験解説のために電極式関連を調べたことがきっかけです。その過程で、共著の東京薬科大学生命科学部の内田隆准教授の研究を知り、青木が連絡を取り、その結果が本書に結実しました。

その後も何度も実演しました。この「魔法の木の箱」は、日本人の発明であり、現在も「電極式パン粉」として残っていることは、ほとんど知られておらず興味をもってもらえます。一家に一台欲しいと言われます。小さい子も、炊飯器の炊飯中の中を見たことはないので、食い入るように見ていました。ちょっと危ないですが。概要を英文にしたところ、米国人もその背景に興味をもってくれました。実演を見てみたい方はご連絡ください。

本文にも書きましたが、同心円状に極板を底面設置した電極式炊飯器の日高周蔵の特許は、第2次世界大戦後、昭和21年に、国民栄養協会によって製品化されて市販されました。この取扱説明書には、旧陸軍が家庭用に技術を応用した日高の特許を譲り受け、製品化したとありますが、そのような根拠の確認はできません。現在、日高周蔵と旧陸軍の関係、さらに阿久津正蔵との関係は不明であり、電極式調理にかかわる核心は謎のままです。阿久津正蔵の1988

年の遺稿「電極式電流炊飯とパン焼きの発明」（『食品と科学』5月号：pp.112-113）の記述もありますが、その内容の確認は取れませんでした。消化不良のまま終わることになりました。お分かりになる方がいらしたら、ぜひお教え下さい（aokit002@jindai.jp）。

電極式パン粉は、NHK番組「ためしてガッテン」の「パン粉」特集（2020年10月14日放送）で紹介された。番組では、富士パン粉工業（株）の品質保証部の亀田裕之氏が解説しました。青木も取材を受けました。

映画「この世界の片隅に」に関わった昭和の暮らし博物館の小泉和子館長が監修する、平凡社別冊太陽の『戦時下の暮らし』を発行（2020年8月）するに当たり、電気パン焼き器について取材を受けました。

三重大学の教育学部の松岡守特任教授は、2021年に「「電気パン」の由来調査と食品としての安全性の再評価」（三重大学教育学部研究紀要自然科学72：pp.69-74）として再評価をまとめました。

昭和のくらし博物館の小林こずえ学芸員、渡辺由美子氏には、貴重なご意見を頂いた。愛媛県西予市宇和民具館の仙波香菜子氏、島根県太田市重要文化財熊谷家住宅の尾村七恵氏、太田洋子氏、調布市郷土博物館の柴崎由利子氏には、実演でお世話になった。愛媛新聞の森田康裕記者には、「魔法の木の箱」という素敵な名前をつけて頂きました。

パンケース木型と極板は、始めは卒業生の父親のケーエム工房の溝口潔氏に作って頂いた。研究を始めてからは、これも卒業生の（株）三矢製作所の小原美千代氏にすべての製作をお願いしました。当初、炊飯実験しようとしたら、水漏れして実験にならなかったのですが、なんとかしてもらいました。また、すべての再現実験の測定と実演補助には、いつも青木浩美氏に付き合ってもらいました。ここに感謝いたします。

電極式パン粉を知り、三重大学教育学部の松岡守教授からパン粉メーカーの調査を提案されました。その貴重なご指導が論文につながりました。その過程で、全国パン粉工業協同組合連合会の丸山憲夫専務理事、有限会社小谷食品の小谷一夫社長、クラウン・フーズ株式会社の楠本知己常務取締役、株式会社ミカワ電機製作所の近藤悟右社長、および有限会社酒井食品加工所の酒井均社長、株式会社トリイパン粉の中神毅品質管理開発課主任には、ありがたいことに資料のご提供を頂いたり、貴重なご指導とご意見を頂きました。大阪市立科学館の長谷川能三学芸員には資料の確認をお願いしました。神奈川大学理学部化学科の西本右子教授にはパンの付着物の分析をお願いしました。和光大学の岩城正夫名誉教授には、実験を見て助言を頂いた上に発火実験をして頂きました。電流特性と糊化の関係を明らかにした群馬県立高崎高等学校の岡田直之氏には、ご意見を頂きました。書ききれないほどの多くの方の助力を得て、本書が完成したことをここに記し、感謝いたします。

青木　孝

最後に、編集・出版の実務について、大学教育出版のみなさま、とりわけ佐藤守様には、お骨折を頂きました。

本書の完成にご尽力を頂いた多くのみなさまに謹んで感謝申し上げます。

内田　隆・青木　孝

資料　昭和暮らしの博物館 2022 年 3 月講演資料の英語版

Historical Background of the Invention of Electrode Rice Cooker/Bread Machine and Reproduction Experiment with Evaluation

Takashi Aoki （Faculty of Science, Kanagawa University） ：aokit002@jindai.jp

May 23,2022 Showanokurashi museum

1 Overview of Method

Today, we are converting electrical energy into thermal energy and making use of it. There are various devices on the market for baking bread. In the days after World War II, when supplies were scarce, people made their own bread baking machines like the one shown in Fig.1, and they became quite popular. This is called an electrode bread machine ,or simply a "Denki-Pan" machine in Japanese. Liquid steamed bread dough made of flour, salt, and sugar dissolved in water is poured between two electrode plates, and an altenating current of 100 volts(V) is applied.

At the Faculty of Science, Kanagawa University, we have been conducting experiments with students since 1990, making our own bread making machine(Fig.1) and evaluating its performance. The bread making machine is a wooden case with two titanium plates(length 18cm, height 10cm, thickness 0.5mm) enclosed in width 6cm in ,so they can face each other in parallel. The bottom of the case can be removed so that the bread can be removed ,and the gaskets are used to prevent water leakage. The current between the plates changes exponentially with the distance between the plates. In 1cm, the current flows 5 times as much as the width of 6cm. The input of salt will also alter the flow rate. In the case of plate spacing of 6cm in width, the current is 20 times that of tap water at a saline solution of 0.2 %

As a result of an evaluation, We found out that the thermal efficiency of those simple devices, which consistents of just two electrodes in a wooden box, is as high as approximately 70 %. The reason for this is that the dough itself generates heat through Joule heat (electrolytes dissolved in water interferes with the movement of electrons and receives heat enaergy), instead of applying heat to the dough from the outside, as in an oven. 70 % of the added electrical energy is used for baking bread as heat of evaporation at 100 ℃. It was also found to have an excellent property to automatically turn off the electric current without a microcomputer after baking.

The liquid steamed bread dough was made of flour 150g, water 150g, salt 0.4g, baking powder 6g and sugar 25g. When an altenating current of 100V is applied for 9 minites in the process of baking, the current (top) and water temperature (bottom) characteristics of that dough are shown as the ○ mark in Fig.2 (finished product is shown in Fig.3 (top)). The horizontal axis shows the time. The representation of the current is reduced to power value(Watt) which is current(A) × 100(V). The water temperature rises monotonously and evaporates at 100 ℃, resulting in a two-peak current. This two-peak characterristic of current was found to occur as the starch gelatinization progressed and water evaporated. First, in light wheat flower, the starch grains starts to absorb water by heating at 55 ℃ and expands (start of gelling) at the same time. At this time, the current drops and reaches its first peak.

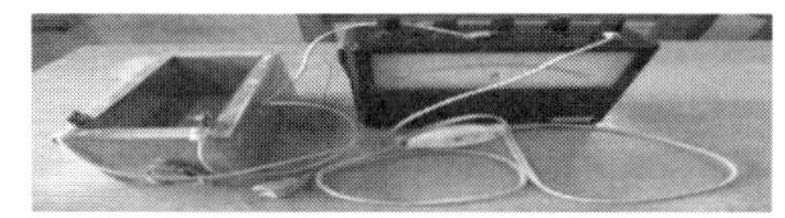

Fig.1. Configuration of the bread baking machine experiment.

In addition, when the water absorption continues and the expansion of starch grains reaches the maximum limit at 68 ℃ in light wheat flour, the starch grains burst. Then, the current begins to rise (valley of the current value at the end of gluing). Furthermore, when the temperature of water is close to the evaporation tempreture (95 ℃), the electrolytes dissolved in the water(such as sodium ions) start to precipitate again, and the current drops to the second peak. Thus, the first peak occurs at the start of the starch gelling and the second peak occurs at the evaporation temperature. The shape of the two peaks of the current will change because the sizing temperature range depends on the types of the starch.

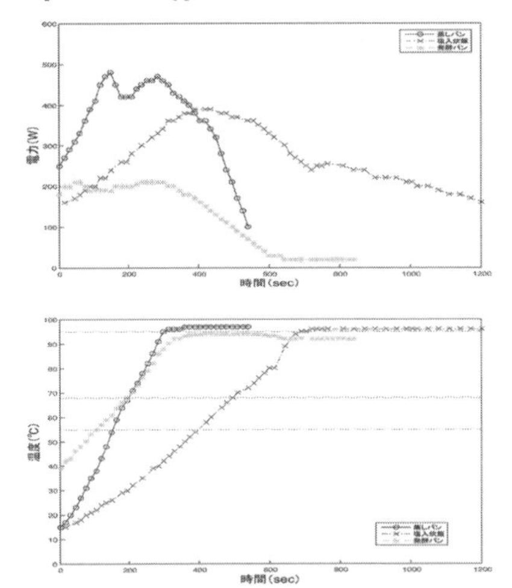

Fig.2. (Top) Power value for steamed bread (○), cooked rice (×), and yeast-fermented bread (∗). (Bottom) Time variation of water temperature. (power is current value × 100) Current is a two-peak characteristic due to gelling and evaporation.

Table 1. Sizing temperature range and precipitation start temperature of wheat flour and rice

	Start of gelling 1st peak	Gluing end valley	Precipitation start 2nd peak
Flour Light	55 ℃	68 ℃	95 ℃
Flour Strong	50 ℃	63 ℃	95 ℃
Rice	60 ℃	93 ℃	95 ℃
Glutinous Rice	64 ℃	95 ℃	95 ℃

This same mechanism was used in the student experiment of cooking rice in a bread baking machine (rice, water, and salt, marked with an × in Fig.2: finished product is shown in Fig.3 (middle)). It was confirmed that even a dough of yeast-fermented bread similarly had a two-peak characteristic (made of strong flour, water, dry yeast, salt, sugar, and unsalted butter, and marked with an ∗ in Fig.2: finished product is shown in Fig.3 (bottom)). The rice can be cooked 20 minutes and the yeast-fermented bread can be baked in 14 minutes through energization. In the electrode type, the water temperature does not exceed 100 ℃, meaning the bread would not properly bake. The thermal efficiency of all three experiments are about 70 %. The start and end temperature of starch sizing are shown in Table 1.

Fig.3. (Top) Finished original steamed bread: in 9 minutes. (Middle) Cooked rice: in 20 minutes. (Bottom) Yeast-fermented bread: in 14 minutes.

2 Electrode Type Bread Baking Machine

I donated the university's homemade bread baking machine to the Museum of Showa Life in Tokyo, which I visited about 20 years ago. As a result, Kazuko Koizumi, the directer of the museum, asked me if I would like to demonstrate the electrode-type bread baking machine at the museum's 13th special exhibition, "Bread and the Showa Era" held in August of 2016. I took that opportunity to start studying the electrode bread maker, which later led to this paper with the help of many people.

I found that this electrode type bread baking machine was invented by Shozo Akutsu, who formerly served the army in 1935. At that time, the reserch was not on steamed bread made of light wheat flour and baking powder, but on yeast-fermented bread made of strong flour dough that was energized. This technology was introduced for home use after World War II, mainly as steamed bread (today's so-called "Denki-Pan" in Japan).

In a bread baking machine used for student experiments, a yeast dough kneaded with strong flour is first fermented and then divided into three equal portions. Each one can be put in a wooden case. The second fermented dough in this case is then energized for 14 minutes as shown in Fig.3 (bottom). This corresponds to the reproduction of the electrode bread baking invented by Shozo Akutsu.

In addition, the electrode bread later became bread crumbs for business use. In 1949, after World War II, electrode bread was dried in the sun and sold. Since then, manufacturers of bread crumbs have appeared. In 1958, the production of bread crumbs was shifted from small quantities to larger and more modern production facilities under the guidance of companies such as Mikawa Electric Manufacturing Co. in Nagoya.

Even today, half of the breadcrumbs used for commercial purposes are made by the crushing of the mentioned yeast-fermented electrode type pans. The process in the fermentation of the dough is the same at the factory, but when baking the dough, depending on the nature of the desired breadcrumbs, it is either the roasting type or electrode type that is used. The roasting method, in which heat is applied from the outside by an oven, requires preheating and is less efficient than the electrode method, where the dough itself generates heat, and the equipment is larger and less economical. Thus, after World War II in southern Japan(called Kansai), The electrode method was easy for new entrants, and ultimately become widespread.

Since the electrode type does not truly bake the bread, the bread will not rise above 100 ℃ and produce white breadcrumbs that are harder than those of the roasting type and will not absorb oil as easily. The texture of the breadcrumbs did not degrade over time, so it was used by TableMark Co., Ltd.("Katokichi" in Japan) in Kagawa Prefecture, as batter for frozen fried shrimp, which became popular since the 1962. With the evolution of freezing technology, as more and more frozen foods became available in supermarkets, the Kansai electrode method spread to the Kanto region (in nothern Japan). Since 1960s, the export of breadcrumbs significantly increased, especially to the United States, where the electrode production method was also exported. A factory was set up in Los Angeles, and electrode type breadcrumbs were widely used for frozen foods in the United States.

Additionally, in an electrode-type bread baking machine, the material of what the electrode plates made out of is crucial. This is because the material of the electrode plates are electrolytically corroded by energization and are leached out the dough. Thus, the material is stipulated in the standards for food additives, etc. of the Food Sanitation Law in Japan. Initially, iron was used, but it was shown to rust quickly due to salt, causing many problems with the quality of breadcrumbs. Food poisoning caused by illegal electrode plates in factories also became a problem. Thanks to the efforts of Mr. Yasuo Shimizu, who was the chairman of the technical committee of the National Federation of bread Crumb Industry Cooperatives, the government finally approved the use of pure titanium electrode plates in 1988, which are extremely resistant to corrosion. The Food Sanitation Law was also partially amended to allow this use, which solved the problem of the material of the electrode plates.

In the experiment, it was confirmed that the current characterristics of the stainless steel electrode plate (0.6mm thickness), in which chromium is leached out, and the titanium type 1 electrode plate(0.5mm thickness) were almost the same. In student experiments and reproduced experiments, we use titanium 1 electrode plates for food safety precautions.

"Breadcrumbs are a food ingredient that was developed in Japan. The production technology of breadcrumbs in the Japanese style is remarkably excellent, especially the electric current bread-making method, which is unique to Japan. It is interesting to note that electric bread, which was originally developed for military use, was used as a household bread baking machine during the post-war food shortage, and this was further developed into a bread baking method for breadcrumbs," said Yasuo Shimizu. Breadcrumbs called "PANKO" in Japan were also recognized by the European Union, and "PANKO" was adopted as an English word in the Oxford English Dictionary in 2012.

And then, the electrode type breadcrumbs was introduced by NHK broadcasting TV program "Got it trying" in 2020.

We also introduce an electrode type yeast-fermented bread, which is actually still manufactured in factories today. As shown in Fig.5, a titanium type 1 electrode plate of 50cm × 50cm is placed in a polypropylen case as an insulator, and the electrode plates are spaced about 12cm apart and energized with 200V. At this time, the polypropylen eliminates the possibility of wood from the previous wooden mold getting mixed in with the bread. However due to the fact that it does not absorb water, it is still a work in progress.

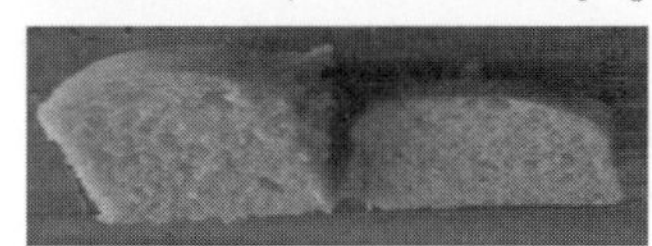

Fig.4. Reproduced yeast-fermented bread for breadcrumbs (Left: Equal 3,in 14 min. for electrode method, Right: Equal 5,in 29 min. for roasting method).

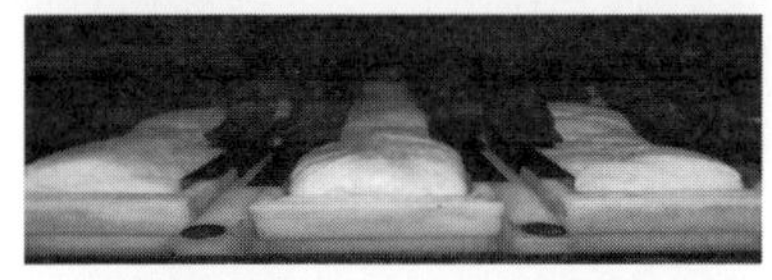

Fig.5. (Top) Professional electrode bread baking case for business use (pure titanium plate 50cm × 50cm) (Bottom) And actual baked electrode bread for breadcrumb.

To further my reserch, I conducted an experiment between the electrode type and the roasting type of bread crumb making. The process up to the second fermentation of the bread dough is the same for both. In the case of the baking in the original bread baking machine in the student's experiment (shown in Fig.1), the dough from the first fermentation is divided into three equal parts, formed and placed in this case. The second fermented dough is then energized for 14 minutes with the dough in contact with the electrode plates as shown in Fig.3 (bottom) (White pan). The thermal efficiency is 65 %. On the other hand, in the roasting method using a home oven, the dough from the first fermentation was divided into five equal portions and placed in a bread mold for the second fermentation, since the Altaite bread mold was too thin. We first preheated the oven to 190 ℃ for 10 minutes. Next, we bake the dough in the oven at 190 ℃ for 19 minutes. The resulting bread with the electrode method is shown in Fig.4 (left) (Fig.3 (bottom), divided into three equal parts). And the bread baked in the oven (divided into five portions) is shown in Fig.4 (right) and bread is browned.

Without any methods, it takes 29 minutes, including preheating, in the oven to bake the dough. But, with electrode type method, it implements the process in 14 minutes due to the process of energization. With this, we can feel the thermal efficiency. The white electrode type bread is not baked, so the aroma of yeast is more pronounced and delicious.

3 Electrode type rice cooker

The bread baking machine invented by Shozo Akutsu in 1935 was started with the former Army's orders of creating a food service vehicle ,which would be able to cook rice and bake bread, promptly as military equipment, no matter much it costs. Before the invention of the bread baking machine, a utility model of an electrode-type rice cooker with opposing electrode plates was developed by the former army in 1934. The electrode plates used for cooking rice were improved in 1936 to make them suitable for baking bread, and a bread making machine was incorporated. In 1937, the former army commercialized a food service vehicle(as the 97 model year type) that could cook rice and bake bread as a system that included a power supply. It was also deployed in the field. The materials required to create a bread making machine consists of a wooden box with electrode plates, voltage of 115V, current of 100A, 50Hz, electrode plate spacing of 7cm, and the ability to cook 500 meals per hour in 18 case boxes. Therefore, cooking rice comes first and baking bread comes later in electrode type. In fact, the instruction manual for the feeding equipment of the food service vehicles of April 1939, ultimately only described the procedure for cooking rice, suggesting that it could potentially be used for both purposes but was not used for baking bread.

In contrast, in the same year 1934, A patent for a method of cooking rice using the electrode type from Shuzo Hidaka was issued by the Japan Patent Office. This patent was issued 5 months before the utility model of rice cooking device using electrodes with opposing plates by Shozo Akutsu of the former army.

Shuzo Hidaka made the distance between the plates about 1cm so that rice could be cooked, even with tap water. If the distance is too wide, it will not be energized unless there is salt, etc. And the plates were arranged in a concentric circle along the bottom of a round rice container(called "Ohitsu" in Japan) without opposing. Hidaka invested the electrode type rice cooker shown in Fig.6 (right), despite not being commercialized for customer use. The former army made the electrode plates stand upright, while Shuzo Hidaka made them bottom-mounted. Using Hidaka's patent the National Nutrition Association, which was established within the Ministry of Health and Welfare, commercialized and sold an electrode rice cooker of the "welfare type"(for cooking 5 cups of rice) in May 1946 after the war(shown in Fig.6). In the instruction manual of this cooker, it is written that the National Nutrition Association took over the patent of Shuzo Hidaka, whose technology was converted by the army to home use in 1934 and manufactured it. However, at present, the relationship between Shuzo Hidaka, the former army, and Shozo Akutsu is entirely unknown, and the basis for this statement in the instruction manual cannot be confirmed. Shuzo Hidaka's patent publicity also does not confirm his relationship with the former army. The original two "welfare type" electrode rice cookers have been found for now.

Furthermore, a new utility model was proposed in March of 1946, which made a comb tooth shape(type) out of the electrode plate of the concentric circles of the "welfare type" and placed it on the bottom. Similar to what is shown in Fig.7 (right) and the "comb-tooth type" electrode rice cooker, which was called "Takara-Ohachi", was commercialized and sold. There are at least four "Takara-Ohachi"s in Japan, and they have become quite popular.

The two bottom-mounted electrode plates, which can be made into consentric circles or comb tooth, is a device to make the facing length of the electrode plates at 1cm intervals longer than that of the strip type. The current flows mainly in proportion to facing length of this 1cm interval through the electrode. The electrode-type rice cooker was a stopgap until the invention of Toshiba's automatic electric rice cooker ER − 4 in 1955, which uses the current method of applying heat from outside.

Fig.6. (Left) "welfare type" rice cooker(from the collection of Hiratsuka City Museum) (Right) Concentric circles plate at the bottom of the container.

Fig.7. (Left) "comb-teeth" type rice cooker called "Takara-Ohachi" (from the collection of the Osaka City Museum) (Right) comb teeth shaped plate at the bottom of the container(released around 1947).

These two bottom-mounted electrode type rice cooker has an iron electrode plate. And, in the case of the bottom-mounted rice cooker, boiling bubbles attached to the electrodes during boiling interferes with the electric current, causing the current to fluctuate by roughly 50 %. When rice is cooked with the stand-upright electrode type, the current does not fluctuate, and can cook evenly. I confirmed that by a reproduction experiment. I am sure that the marketed bottom-mounted electrode rice cookers and the stand-upright electrode rice cooker of the former army, of the post-war period had the same characteristics as in the reproduction experiment. In both cases, the electrode type is difficult to control the current.

We made our own electrode type rice cooker using a commercial 180ml size(called 1"go" in Japan) sawara-wood "Ohitsu" (inner diameter: 11.6cm, height:6.2cm) ,which is similar to the one used in the "welfare" type (Fig.6 and Fig.9) and "comb-teeth" type of "Takara-Ohachi" (Fig.7 and Fig.8). In addition, we made a bottom-mounted electrode plate that resembles the "Takara-Ohachi" by bending the opposite electrode plates of the stand-upright case(shown in Fig.1), and made one in which electric current flows even with tap water (like Fig.10). In tap water, only 6 Watt current can flow through the side opposing plates(Fig.1), so rice cannot be cooked. The performance of each of these was evaluated in a reproduction experiment. All cooking rice was rice 150g, water 230g, salt 0.4g(if we needed) in any rice cooker.

In three cases with the electrode plate spacing of 1cm at the bottom, it was confirmed that the rice could be cooked in about 20 minutes, even with tap water. The thermal efficiency of upright case(like Fig.10) was 70 %, while that of the "Ohitsu" case(like Fig.8 and Fig.9), with its wide bottom and small internal volume, was 80 % and increased from 10 % (is shown in Table 2). In the upright case, the thermal efficiency is same as 70 %, even when salt is added.

The X mark in the upper panel of Fig.11 indicates a graph of the current characteristics of the rice cooked on a concentric circlar shape(Fig.9) with tap water. The lower figure shows change in water temperature over time on the horizontal axis(the same as upper figure). According to the X mark of Figure 11, The current characteristics show that gelling occurs even without salt, but the current is not affected by gelatinization because there is little electrolyte. For that reason, the first peak due to the start of gelling does not appear, it turned out to be one peak characteristics, and then only the second peak due to evaporation appears.

According to the reproduction experiment, although not shown in the graph of Fig.11, in all three cases(Fig.9, Fig.8 and Fig.10), the current characteristics of tap water cooking are similar to the current characteristics of the concentric cercles in the bottom of case(Fig.9) and only the second peak due to evaporation appears as one peak characteristics. And in all three cases, the current becomes two peaks if salt is added. Additionally, as shown the X mark of Fig.11, the system of the bottom-mounted electrode type (Fig.8, Fig.9 and Fig.10) will wobble and become unstable at about current peak. The current fluctuates by about 50 % and becomes unstable, because of the bubbles on the bottom electrode plates when boiling. The current peaks at only 2A. The heat source is only at the bottom of the rice as bottom-mounted elctrode types, so the rice cannot be cooked evenly and does not taste very good. The current of a three types of rice cookers becomes unstable when salt is added as well (the current becomes two peaks, though). In the case of the old army method(Fig.1), where only opposing stand-upright plates are used, there is no wobble in the current and the rice can be cooked evenly from the sides, resulting in good performance.

Fig.8. (Left) Rice cooker with bottom-mounted comb teeth in the shape of a rice container(reproduction of "Takara-Ohachi" made by myself) (Right) Cooked rice: in 25 minutes.

Fig.9. (Left) Concetric rice cooker with a bottom-mounted rice container(reproduction of "welfare type" made by myself) (Right) Cooked rice: in 20 minutes.

Fig.10. Bottom-mounted comb-tooth shaped electrode plates in a stand-upright case of original (self-made reproduction) (Right) Cooked rice: in 20 minutes.

We confirmed that, on the other hand, wheat flower has about 4 times as much minerals(electrolytes) as rice, so even if the flower is just dissolved in the tap water and the dough is energized, it will have a two peak characteristic.

4 Electrode Sponge Cake

In addition to conventional liquid dough and yeast-fermented kneaded dough, we investigated the characteristics of foamy dough made with whipped whole eggs. I have never examined an electrode type sponge cake mentioned in previous research. The type with the electrode plate at the bottom of the container has a rapid rise in current and a rapid fall. The opposing type rises and falls slowly, and has an equal heat source from the sides, so it is suitable for powdered foods that are made to expand by means of baking powder, fermentation, or egg whipping. Rice is an excellent starch that does not need to be inflated because it is a grain food.

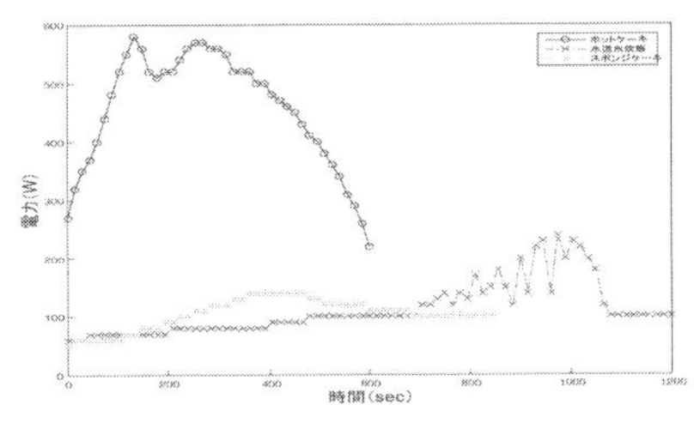

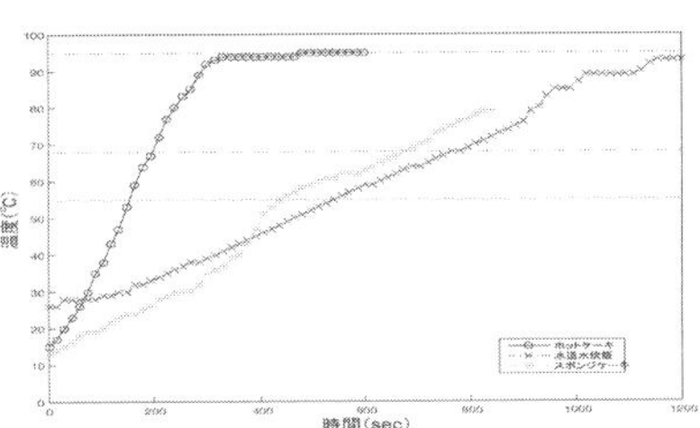

Fig.11. (Upper) Power values for rice cooked with tap water(×) in the concentric circle type with the bottom of the rice container, pancake with whole egg mixture(○) and sponge cake with whipped whole egg(*) in a stand-upright case of original
(Bottom) Time variation of water temperature: two peak for pancakes, one peak only for the second peak(evaporation) for cooking rice with tap water, one peak only for the first peak(the start of gelling) for sponge cake.

The current characteristics are shown in the ○ mark of Fig.11, when pancake batter is made by just mixing whole eggs with liquid steamed bread batter(shown in the ○ mark of Fig.2) on the opposite electrode plate of the student's experiment case. We confirmed that the current characteristic of the pancake is the same as that of the steamed bread(a two peak characterictic), even with whole eggs mixed in.

Next, I made an electrode sponge cake by whipping whole eggs with a mixer, adding sugar and salt, shaking wheat flour, baking powder, melted unsalted butter, and milk to make a foamy dough, and then energizing it. The foamy batter is the same, but when it is baked in the oven, it needs to be preheated for 10 minutes to reach 180 ℃ and then baked at 180 ℃ for 25 minutes. So it is for a total of 35 minutes. With the electrode method, however, it can be done by only energizing for 14 minutes. It tastes good, although it only rises to 100 ℃ and does not bake.

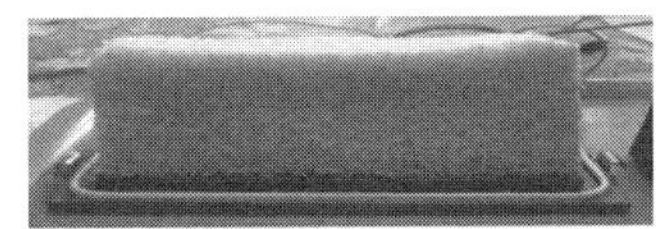

Fig.12 "Electrode cake" with whole egg whipped batter energized.

Table 2. Two peak characteristics of each electrode type cooking

	1st	2nd	Finished time (min.)	Efficiency (%)	Peak current (W)
Steamed bun	○	○	9	70	500
Fermented bread	○	○	14	63	200
Rice and salt water	○	○	20	70	400
Rice and tap water	×	○	20	80	250
Electrode Cake	○	×	14	-	150
Pancake	○	○	10	70	580

The current characteristics are shown by the * mark in Fig.11. The finished product is shown in Fig.12. At this time, for the foamy dough, the second current peak due to evaporation does not appear, but only the first current peak due to the start of gelling appears as one peak characteristics. The first peak appears because of the electrolyte. It is different from the one peak characteristic where only the second peak appears for the tap water cooking of rice (shown in the × mark of Fig.11). This is because the whole egg whipped foam dough solidifies the sponge structure of the dough after the end of gluing, and the current drop due to precipitation does not occur during evaporation. Also, due to the water content in the whole egg, the thermal efficiency cannot be calculated by the conventional method. Although the electrode method is difficult to adjust the current and there is a risk of electric shock, it was found to be a sufficiently useful technology(Table 2).

literature

1) Takashi Aoki (2018) Experimental Evaluation of the Electrical Characteristics of Denki-Pan. Science Journal of Kanagawa University **29**: 5-12.
2) Takashi Aoki (2019) Historical Background of the Invention of Electrode Rice Cooker ／ Bread Machine and a Reproduction Experiment. Science Journal of Kanagawa University **30**: 9-16.
3) Takashi Aoki (2020) Reproduction Experiments Using Electrode Rice Cooker ／ Bread Machine. Science Journal of Kanagawa University **31**: 25-32.
4) Takashi Aoki (2021) Experimental Evaluation of Electrical Characteristics of "Denki-Cake". Science Journal of Kanagawa University **32**: 27-34.

5 Electrode Cooking Recipe Collection(0.5mm thick titanium type 1 electrode plate)

5.1 Basic Steamed Buns(liguid dough)

(1) Flour(wheat flour) ： 150g

(2) Baking powder ： 6g (or 1.5g of baking-soda:)

(3) Salt：0.4g

(4) sugar：25g

(5) Water：190g

(6) It will drop to 1A in 9 minutes.

5.2 Basic rice cooking

(1) Rice：150g, increase by 14g after draining.

(2) Salt：0.4g

(3) Water：230g, soak for 30 minites.(For gulutinous(mochi) rice, 180g)

(4) When the tempereture at the end of gluing reaches 93 ℃, the lid is closed just before the minimum current(2.5A in 11 minutes).

(5) After the tempereture drops to 1A in 23 minutes, turn off the power and wait for 5 minutes.

(6) Mochi rice is first-glutinizing and can be cooked in 20 minutes. There is no need to soak the rice in water after draining. The sizing tempereture range of mochi rice shifts to a higher 4 ℃ tempereture range than that of leach rice. Therefore the second peak overlaps with the evaporation tempereture and is small and hidden.

5.3 Yeast Fermented bread: Bread crumbs in parentheses For(kneaded)

(1) Flour(strong flour)：150g

(2) Dry yeast：4.5g

(3) Salt：2.0g （1.5g）

(4) Sugar：10.0g （2.5g）

(5) Unsalted butter：15g （5g）

(6) Water(33 ℃)：100g

(7) After kneading, primary fermentation is carried out at 42 ℃ for 25 minutes.

(8) Remove gas, divide into equal parts, roll and shape into a electrode bread case.

(9) Secondary fermentation at 42 ℃ for 25 minutes, while still in the electrode bread case.

(10) After 11 minites, the current becomes 0.3A, and the power is turned on and the lid is put on to steam until 14 minutes.

5.4 Electrode-type cake(whipped whole egg)

(1) Medium whole egg：100g as 2 eggs(without shell)

(2) Flour(wheat flour)：50g

(3) Sugar：40g

(4) Unsalted butter：13g

(5) Unadjusted milk：15(24)g (or "ricotta cheese 20g + milk 9g" for better taste)

(6) Baking powder：1.0g

(7) Salt：0.6g

(8) Whip the whole eggs, sugar and salt, mix in the flour and baking powder, add the melted unsalted butter and milk, make a dough. Cover it and let it stand for 14 minutes.

■著者紹介

第Ⅰ部・第Ⅱ部
内田　隆（うちだ　たかし）

東京薬科大学生命科学部准教授。博士（教育学）。明治大学農学部農芸化学科卒業、立教大学異文化コミュニケーション研究科修了、東京学芸大学連合学校教育学研究科修了。協同乳業株式会社、埼玉県立高校理科教員・実習助手を経て現職。大学では教職課程を担当し理科教員の養成に携わっている。専門は理科教育、科学教育。科学技術の社会的課題について生徒主体で意思決定・合意形成を図る授業の開発、児童・生徒対象の科学・工作教室などに取り組んでいる。

第Ⅲ部
青木　孝（あおき　たかし）

神奈川大学理学部数理・物理学科　主任教務技術職員　理学修士。茨城大学理学部物理学科卒業。日立超LSIシステムズ、神奈川大学ビジネス・カレッジ専任講師、神奈川大学大学院修士課程理学研究科情報科学専攻を経て現職。n-MOSデバイスシミュレーション（数値シミュレーション）に関心がある。

電気パンの歴史・教育・科学
― 陸軍炊事自動車を起源とし現代のパン粉製造に続く日本の電極式調理 ―

2023年1月20日　初版第1刷発行

■著　　者――内田　隆・青木　孝
■発 行 者――佐藤　守
■発 行 所――株式会社大学教育出版
〒700-0953　岡山市南区西市855-4
電話（086）244-1268㈹　FAX（086）246-0294
■印刷製本――モリモト印刷㈱
■Ｄ Ｔ Ｐ――林　雅子

ISBN978-4-86692-239-3